心家肴 美味新生活

百吃不厌的
日料韩餐

主编○张云甫 编写○工作室 臧倩嵘

U0219318

青岛出版社
QINGDAO PUBLISHING HOUSE

前言
PREFACE

用爱做好菜 用心烹佳肴

不忘初心，继续前行。

将时间拨回到 2002 年，青岛出版社"爱心家肴"品牌悄然面世。

在编辑团队的精心打造下，一套采用铜版纸、四色彩印、内容丰富实用的美食书被推向了市场。宛如一枚石子投入了平静的湖面，从一开始激起层层涟漪，到"蝴蝶效应"般兴起惊天骇浪，青岛出版社在美食出版领域的"江湖地位"迅速确立。随着现象级畅销书《新编家常菜谱》在全国摧枯拉朽般热销，青版图书引领美食出版全面进入彩色印刷时代。

市场的积极反馈让我们备受鼓舞，让我们也更加坚定了贴近读者、做读者最想要的美食图书的信念。为读者奉献兼具实用性、欣赏性的图书，成为我们不懈的追求。

时间来到 2017 年，"爱心家肴"品牌迎来了第十五个年头，"爱心家肴"的内涵和外延也在时光的砥砺中，愈加成熟，愈加壮大。

一方面，"爱心家肴"系列保持着一如既往的高品质；另一方面，在内容、版式上也越来越"接地气"。在内容上，更加注重健康实用；在版式上，努力做到时尚大方；在图片上，要求精益求精；在表述上，更倾向于分步详解、化繁为简，让读者快速上手、步步进阶，缩短您与幸福的距离。

2017 年，凝结着我们更多期盼与梦想的"爱心家肴"新鲜出炉了，希望能给您的生活带来温暖和幸福。

2017 版的"爱心家肴"系列，共 20 个品种，分为"好吃易做家常菜""美味新生活""越吃越有味"三个小单元。按菜式、食材等不同维度进行归类，收录的菜品款款色香味俱全，让人有马上动手试一试的冲动。各种烹饪技法一应俱全，能满足全家人对各种口味的需求。

书中绝大部分菜品都配有 3~12 张步骤图演示，便于您一步一步动手实践。另外，部分菜品配有精致的二维码视频，真正做到好吃不难做。通过这些图文并茂的佳肴，我们想传递一种理念，那就是自己做的美味吃起来更放心，在家里吃到的菜肴让人感觉更温馨。

爱心家肴，用爱做好菜，用心烹佳肴。

由于时间仓促，书中难免存在错讹之处，还请广大读者批评指正。

美食生活工作室

2017 年 12 月于青岛

目录

第三章
韩国料理

第一章

探秘日韩料理

　　一说起日本料理和韩国料理，脑海中就会出现那些经典的美味：寿司和紫菜包饭，乌冬面和韩式冷面，照烧饭和石锅拌饭……日料理和韩餐同是亚洲风味的饮食，有些菜品看似相近，其实又有很大的不同，想要成为资深的"吃货"，就先来了解一下日韩料理各自的特点吧。

1 日本料理的关键词

　　忙碌的午间来一碗温暖的豚骨拉面，轻松的傍晚在居酒屋和朋友点几串烧鸟配啤酒，款待客户的时候用炫目的寿司套餐打动他们的味蕾，纪念日和爱人尽享怀石料理的二人世界……说起日本料理的常见菜，我们往往如数家珍。可是，仔细想想，日本料理到底是怎样一种料理呢？它有什么让人惊鸿一瞥、过目不忘的特征呢？

食材四季分明

　　日本是个依山傍海的国家，海岸线曲折绵延，渔港众多。日本暖流（黑潮）与千岛寒流（亲潮）在此相遇，带来异常丰富的浮游生物与海类；河川犹如毛细血管般细密如织，河鲜尽显灵秀。同时，日本又是个多山的国家，山地面积占内陆面积的70%左右，山地与森林同样给予日本民众无尽的恩赐。所以，日本料理往往是与山、河、海有关的命题。在日本料理的食单上，我们常常会很惊喜地看到许多素未谋面的鱼贝与菜蔬，它们以熟悉又陌生的方式展示着自己的独特魅力。

　　日本也是个四季分明的国家，在春樱、夏雨、秋叶、冬雪这些四时美景变化的同时，食材也随季节流转。你可能会说，很多亚热带国家都四季分明，这没什么了不起呀。可是，日本列岛十分狭长，南北跨度大，山海距离近，海拔高度差异大，这就使日本的时令变化更为细腻复杂。食材的季节性是日本料理的重要特征之一。与禽畜类食材相比，鱼贝类和菜蔬类食材有着更鲜明的季节性，有的食材时令非常短暂，更成为受人追捧的逸品。这种对季节的敏感度深入日本人的骨髓，从餐桌内容的变化便感知到时光的轻柔前行。

烹饪技法细致

日本料理的烹饪方法看似简单却十分玄妙。日本料理以切、煮、烤、蒸、炸五种基本调理法来料理食物，相比复杂多样的中式烹饪手法，看似单调了些。然而，每种调理法背后都有深入细致的考量。比如，制作日式高汤时昆布与鲣节煮制时间的精准控制，天妇罗面衣的调配比例和薄厚度的拿捏……日本料理人所追求的，是在看似不断重复的工作中感受因食材、时令不同带来的微妙变化，并将对这种变化的掌控作为自己的工作要务之一。

注重鲜味和发酵

有人戏称，在日本街头总能闻到似曾相识的"甜面酱味"，那当然并不是"甜面酱"，而是日式高汤、酱油、味醂、糖等味道的集合。在日本料理中，我们可以感受到甜、酸、咸、辣、苦，也会感受到鲜明的"鲜味"。味噌、酱油、醋、酒等经过发酵工艺制成的调味料，以及昆布、鲣节、纳豆、渍物等发酵食品，在日本料理中长期占据着举足轻重的地位。这些经过漫长时间酝酿出的层次丰富、鲜味悠长的味道，让日本料理有了更多回味的空间。

不断发展和融合

日本料理的样貌一直在不断变化。被认为代表日本料理的握寿司是江户时代才出现的，天妇罗深受公元16世纪到17世纪葡萄牙料理的影响，各式和牛料理是在"明治维新"之后才兴起的。"日本料理"说的是一个古老的故事，但每天都在续写新篇。来自中国和朝鲜半岛的影响持续改变着日本料理的面貌，从稻米与茶道的传入，到宴会形制、餐桌礼仪的演进，佛教思想传播导致的肉食禁食，这些都在日本饮食文化中留下了深深的烙印；而西方文化的洗礼，在"明治维新"之后如暴风骤雨般再次令日本料理的面貌焕然一新。最终，在对不同影响的扬弃中，日本料理发展出了属于自己的独特气质，这就是我们今天看到的日本料理。

寿司的前世今生

寿司，几乎是日本料理给人的第一印象。与很多如今被理所当然认为是"和食"的料理一样，寿司溯源于东南亚的一种食物：当地人将盐渍的鱼和米饭拌在一起，产生醋酸发酵。大约是在奈良时代（公元8世纪），这种被称为"鲊"的食物传入日本，在日本各地渐渐发展。然而，我们最为熟悉的握寿司或江户前寿司其实是在很晚的时候才出现在日本人的生活中的。在那以前，日本陆续出现了很多样貌完全不同的寿司类型。

寿司的百变形式

➜ 熟寿司

熟寿司是日本最古老的寿司形式。将鱼贝类用盐渍后，洗去盐分，和米饭一起腌渍。腌渍发酵时间一般在数月以上，甚至可达数年。想尝尝熟寿司里的米饭吗？不要冲动！熟寿司最后成品时米饭已成糊状，所以大多只食用鱼肉。熟寿司的形式如今在日本还存在，代表物是滋贺县的鲫鱼寿司。

➜ 生熟寿司

生熟寿司出现在12世纪到13世纪，是由熟寿司发展来的寿司。这时，机智的日本人领悟到，做熟寿司时米饭不能食用实在是暴殄天物的事，所以他们缩短熟寿司的发酵时间，做出生熟寿司。这种寿司的米粒保持颗粒状，可供食用，于是皆大欢喜。流传至今的生熟寿司有三重县的秋刀鱼生熟寿司等。

➜ 饭寿司

饭寿司也属于发酵寿司，但与熟寿司、生熟寿司不同，饭寿司发酵过程中使用了曲，在曲的帮助下，发酵大业有了事半功倍的效果。这种与生熟寿司大致同时期产生的食物主要存在于北海道、本州东北、北陆等寒冷地区，如北海道的鲑鱼饭寿司、石川县的芜菁寿司等。

➜ 押寿司

押寿司是寿司界举足轻重的角色，在关西地区非常流行。押寿司最早出现在14到16世纪，被称作"押寿司"的原因就是：它真的是将鱼肉放在米饭上压制而成的，也许这更符合关西人对美的追求吧。历史上，在发酵寿司"一统江湖"的时代，押寿司也是经过发酵制成的。但到了现代，与时俱进的押寿司也省去了发酵环节。押寿司包括不同的细分类别，比如箱寿司、棒寿司等。

➡ 江户前寿司

进入江户时代后，原本成本很高的醋得以大量生产，人们开始在米饭中添加食醋来代替发酵过程。相传住在江户的华屋与兵卫发明了一种握寿司。他们把用醋和盐调味过的米饭捏成扁圆柱型，再在上面盖上鱼片。这种寿司形式被称为早寿司，又被称为江户前寿司。

江户前寿司原本只是在东京地区流行，但关东大地震以及第二次世界大战后严格的食品管制，反而推动江户前寿司在日本全国流行起来。究其原因，一是地震后的难民潮中也有不少寿司师傅，将江户前寿司带到了日本各地。二是战后日本食物奇缺，餐厅经营限制很多，而江户前寿司的加工制作门槛低，使饮食店重现生机。

如今，江户前寿司已成为日本最具有代表性的寿司，人们说到寿司，往往指的就是江户前寿司。当然，熟寿司、生熟寿司、饭寿司、押寿司及一些有地方特色乡土寿司也延续下来，但影响力很有限。不过，这些乡土寿司承载了浓厚的地域饮食文化，往往只在一定地域范围的料理店提供，对热衷寿司的食客反而更有吸引力。

3 寿司小知识

寿司常用酱料

→ 酱料

千岛酱、丘比沙拉酱、番茄沙司、海鲜酱油、芥末、草莓酱

寿司常用原料

→ 材料

黄瓜、蟹柳、大叶生菜、海苔（原味）、火腿、红蟹籽、黑鱼籽、三文鱼、鳗鱼等

米饭的制作

→ 材料

香米1斤

→ 制作过程

① 大米淘洗干净，按米与水1:1.2的比例放入电饭锅中，蒸制25分钟后关闭电源。

② 用余热再闷10分钟，然后把米饭盛入容器中，浇入200毫升寿司醋拌匀，放凉即可。

→ 制作要点

在米饭放凉过程中，每5分钟要翻搅一次。

寿司常用工具

→ 工具

寿司帘、保鲜膜

常见寿司的类型

→ 类型

细卷、手握寿司、手卷、军舰、粗卷、新派寿司等。每种寿司除外观和用料不同，其操作手法基本一样。

寿司醋的制作

→ 材料

白菊醋10毫升，白糖10克，盐5克，昆布1块

→ 制作过程

将白菊醋、白糖、盐放入容器中搅匀，再放入昆布浸泡半小时即可。

 舌尖上的韩国料理

韩国料理的特点

⟶ 料理颜色丰富

　　韩国料理通常是清淡、少油腻、品种丰富的料理。不论是烤肉、泡菜还是糕点，都注重保持食品原有的新鲜色彩。五颜六色的视觉享受是韩国料理的最大特点。

⟶ 善用辣味

　　韩国料理别有风味，富于特色，佐料多用麻油、酱油、盐、蒜、姜等，尤其大蒜的使用普遍。"辣"是韩国料理的主要口味之一，但这种辣却与别的辣有所不同，有人曾经这样描述过，川菜的辣是麻辣，透着鲜美；湘菜的辣是火辣，直冲冲的，不加任何掩饰；而韩国菜的辣却入口醇香，后劲十足，会让你着着实实地把汗出透。

⟶ 注重食材营养

　　高丽参、鸡、新鲜牛肉、海产品、青菜……单是听到这些词汇已经觉得是很健康营养的原料了。韩国料理一般选材天然，用炖、蒸、烤等不易不破坏营养成分的烹调方式，荤素搭配合理并且时制作追求少而精，以保证足够的营养。

韩国料理的形式

　　韩国人餐桌上经常包含以下几种食物：

⟶ 主食

　　韩国多以大米为主食，也有面食、荞麦等。除了炊煮熟食的白米饭之外，有时还放入豆子、大麦、小米等杂粮。

⟶ 配菜

　　伴随主食一起吃的，可以使饭更有味道的就是菜。泡菜、野菜、海鲜、肉等就是最好的菜。简单吃饭时，放上两三种菜就能吃一顿好饭，有时候甚至会摆上10种以上的菜。

➡ 汤品

水中放入各种蔬菜、肉和海鲜等煮熟的菜肴称为汤。一般水多而清淡的称为"汤"，食材多而味道浓的称为"炖汤"。

独具特色的韩国料理

➡ 韩国泡菜

韩国人的饭桌上绝不能缺少的东西就是泡菜。由于受气候影响，饮食必须依季节而有所调整。冬天时农作物不兴，必须仰赖泡菜、酱瓜等传统腌制菜，这些腌制菜通常在入冬前被佐以盐巴再放在大瓮中存放。因此韩国泡菜是饭桌上常见的配菜，一般以白菜、萝卜、小萝卜等蔬菜为主要原料，加入辣椒粉、海鲜虾酱、葱、大蒜等为辅料发酵而成。

➡ 韩国酱制品

酱是用黄豆发酵而成的传统饮食，有大酱、酱油、辣椒酱等。酱可用来调节菜肴的味道，也可给菜肴增加特别的香味。

➡ 韩国烧烤

牛肉烧烤比较常见，通常选用牛里脊、牛排、牛舌、牛腰等。尤以烤牛里脊和烤牛排最有名，其肉质鲜美爽嫩。此外还有海鲜、生鱼片也都是韩国烧烤的美味食材。

5 日韩料理中常用的调味料

照烧酱汁

原料

浓口酱油	450毫升
味醂	150毫升
清酒	150毫升
砂糖	50克

步骤

① 将清酒和味醂混匀，放入小锅中，上火烧开，让酒精完全挥发掉。

② 加入酱油和砂糖，小火熬稠即可。

和风汁

原料

洋葱	20克
胡萝卜	10克
酱油	10毫升
白菊醋	10毫升
色拉油	10毫升
姜	5克
白糖	8克
白芝麻	3克

步骤

① 将洋葱、姜、胡萝卜分别洗净，切碎，用搅拌机打成泥。

② 倒入酱油、白菊醋、色拉油，加入白糖搅匀，使白糖溶解，撒上白芝麻即可。

醋汁

原料

水	10毫升
白菊醋	8毫升
酱油	5毫升
白糖	5克
木鱼花	适量

步骤

① 水、白菊醋、酱油按10:8:5的比例调制均匀，然后加5克白糖。

② 放入火上烧开，关火后放木鱼花即可。

柴鱼高汤

原料

生抽	1大匙
味醂	1小匙
干海带	10克
柴鱼片（也称木鱼花）	20克

步骤

① 干海带冲洗净表面的杂质。

② 小煮锅中加入100毫升冷水，放入洗净的海带片，以中火加热，煮至即将沸腾时，转小火煮至海带熟软。

③ 取出海带片，放入柴鱼片继续煮约半分钟，熄火静置，让柴鱼片自然地沉入锅底。

④ 用滤网滤去柴鱼片，留下汤，即为柴鱼高汤。

鸡高汤

○ 原料

鸡骨头	500克
洋葱、胡萝卜、芹菜	各30克
香叶	5片
白胡椒粒	5克

○ 步骤

① 鸡骨头洗净，放在180℃的烤箱中烤制30分钟，烤干并烤出香味，备用。

② 洋葱、胡萝卜、芹菜洗净，切成大段，备用。

③ 汤锅内放入2000毫升的清水，放入鸡骨头、洋葱、胡萝卜、芹菜、香叶和白胡椒粒。

④ 用大火把水烧开，改为小火炖40分钟以上，用细笋过滤即可。

鱼高汤

○ 原料

鱼骨（最好用三文鱼骨）	500克
洋葱、胡萝卜、芹菜	各30克
香叶	5片
白胡椒粒	5克
白葡萄酒	50克
白兰地酒	25克

○ 步骤

① 鱼骨洗净，剁成大块。洋葱、胡萝卜、芹菜洗净，切成大块，备用。

② 汤锅内放入2000毫升清水，放入所有材料大火煮开。

③ 撇去浮沫，改为小火慢炖40分钟以上。

④ 用细笋过滤即可。

第二章

日本料理

　　日本料理也称为"和食"，提到日本料理时，许多人会联想到寿司、生鱼片，或是摆设非常精致、有如艺术品的怀石料理。其实大部分日料做起来并不复杂，食材新鲜是美味的关键。日本寿司、刺身、天妇罗、乌冬面的美味，在家也能享用到。

白汤芥蓝

制作时间
10 分钟

难易度
★

主料

芥蓝	200克

调料

白汤	100毫升
姜片	20克
色拉油	15毫升
盐、白胡椒粉、木鱼素	各适量

做法

① 把芥蓝削皮洗净，切成段。

② 锅内放油，待油热后加入姜片，炒香后放入芥兰煸炒2分钟，之后加入白汤，大火烧开，改为中火慢煮2分钟。

③ 加入盐、白胡椒粉和木鱼素调味即可。

要点提示

·芥蓝要削去根部的老皮，口感才脆嫩。

清酒油菜

制作时间 10分钟 难易度 ★

主料

油菜	180克

调料

大蒜末	10克
清酒	10毫升
美极酱油	8毫升
色拉油	10克
盐、胡椒粉、味素	各适量

做法

① 铁板预热至200℃。

② 油菜择洗干净。

③ 铁板上放色拉油，待油热后放大蒜末，炒香后放入油菜，快速翻炒，加入美极酱油、清酒，翻炒1分钟之后加入盐、胡椒粉和味素调味即可。

 要点提示

· 加入清酒后再翻炒一会儿，能让酒精挥发一部分，成菜不会有较重的酒味。

铁板烧荷兰豆

制作时间 20分钟　难易度 ★★

主料

荷兰豆	200克

调料

大蒜末	10克
美极酱油	8毫升
黄油	20克
盐、胡椒粉、味素	各适量

做法

① 铁板预热至200℃。

② 荷兰豆洗净，去除两头根蒂，备用。

③ 铁板上放黄油，待其化开后放入大蒜末，炒香后放荷兰豆，快速翻炒1分钟，之后加入美极酱油，盐、胡椒粉和味素调味即可。

黄油玉米

制作时间 10分钟 ・ 难易度 ★

主料

玉米粒	150克
胡萝卜丁	50克
青椒丁	50克

调料

黄油	10克
清酒	8毫升
盐、糖	各适量

做法

① 锅内放入黄油，待黄油化开后放入玉米粒、胡萝卜丁和青椒丁，煸炒1分钟后加入清酒。

② 待酒精挥发完后加入盐、糖调味即可。

要点提示

· 胡萝卜丁和青椒丁要与玉米粒大小相似，这样可保证同时炒熟，且成品较美观。

· 如果不喜欢黄油的味道，也可用味道较轻的色拉油替代，色拉油的用量为10毫升。

豆豉炒芦笋

制作时间 10分钟　难易度 ★★

主料

芦笋	200克

调料

豆豉	30克
白汤	50毫升
色拉油	10毫升
葱碎	20克
盐、胡椒粉、木鱼素	各适量

做法

① 把芦笋削去老皮，洗净，切成段。

② 锅内放入色拉油，待油热后放入葱碎和豆豉，煸炒出香味之后放入芦笋，煸炒1分钟后加入白汤。

③ 大火烧开，慢煮1分钟，之后加入盐、胡椒粉和木鱼素调味即可。

要点提示

· 豆豉本身具有咸味，放盐时要注意用量不要太多，以免菜品过咸。

铁板香菇

主料

香菇	4个

调料

黄油	20克
清酒	10毫升
盐、胡椒粉、味素	各适量
酱油	5毫升

做法

① 铁板预热至180℃。

② 将盐、胡椒粉、味素、酱油、清酒混合在一起，制成调味汁，备用。

③ 香菇洗净，切去根，在香菇表面切花刀。

④ 预热好的铁板上放黄油，待其化开，放入香菇，浇上调味汁，烧2分钟即可。

要点提示

· 香菇应选择菌柄较短，菌盖较厚的，这样的香菇质量好，滋味浓郁。

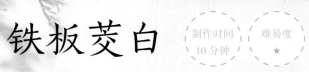

铁板茭白

主料

茭白	200克

调料

大蒜末	15克
酱油	5毫升
清酒	8毫升
色拉油	10毫升
盐、白胡椒粉、味素	各适量

做法

① 铁板预热至180℃。

② 茭白洗净，切成大片，备用。

③ 铁板上放色拉油，待油热后放大蒜末，炒香后放茭白片，浇上清酒，翻炒2分钟，加入酱油、盐、白胡椒粉、味素调味即可。

主料

芦笋	250克

调料

黄油	20克
美极酱油	5毫升
清酒	15毫升
盐、胡椒粉、味素	各适量

做法

① 铁板预热至180℃。

② 芦笋清洗干净，切段，只保留芦笋的上半部分。

③ 铁板上放黄油，待黄油化开，放上芦笋，稍煎1分钟后加入美极酱油和清酒，盖上盖子焖3分钟，然后加入盐、胡椒粉和味素调味即可。

清酒焖芦笋

主料

培根	150克
菠菜	80克

调料

胡椒粉	3克
木鱼素	2克
色拉油	10毫升
盐	5克
蒜片	适量

做法

① 把菠菜择洗净，切段。培根切段备用。

② 锅内放油，待油热后放入蒜片，炒香之后放入培根，把培根的油分炒出来后，放入菠菜。

③ 加入盐、胡椒粉、木鱼素调味，炒至菠菜变软即可。

日式培根炒菠菜

日式培根芦笋卷

制作时间 10分钟

难易度 ★

主料

芦笋	100克
培根	150克

调料

酱油	5毫升
黄油	20克
鸡高汤	30毫升
盐、胡椒粉	各适量

做法

① 铁板预热至180℃。

② 芦笋洗净切段，留芦笋上半部分。

③ 培根从中间切开，用培根将适量的芦笋卷成卷备用。

④ 铁板上放黄油，待黄油化开，将卷好的培根卷放上去，待培根煎上色后加入酱油和鸡高汤，盖上盖焖3分钟，加入盐和胡椒粉调味即可。

培根卷心菜

制作时间 10分钟　难易度 ★

主料

培根	50克
卷心菜	300克

调料

黄油	20克
酱油	5毫升
盐、胡椒粉、味素	各适量

做法

① 铁板预热至200℃。

② 培根切段，卷心菜洗净，切片备用。

③ 铁板上放黄油，待黄油化开之后放培根，炒出香味后放卷心菜，翻炒数下，加入酱油、盐、胡椒粉和味素调味即可。

要点提示

· 培根（Bacon）又名烟肉，是由猪胸肉或其他部位的肉熏制而成。培根中含有丰富的蛋白质、脂肪，还含有磷、钾、钠等矿物质。培根可以作为冷盘，也可以加在意大利面中，或加在蔬菜汤、炖汤中食用。

培根炒春笋

制作时间
15分钟

难易度
★★

主料

春笋	100克
培根	50克

调料

美极酱油	5毫升
黄油	10克
清酒	8毫升
盐、胡椒粉、味素	各适量

做法

① 铁板预热至180℃。

② 铁板放黄油，黄油化开以后放入培根、笋一起煎，培根煎香后，加入美极酱、清酒和少许清水，焖3分钟。

③ 加入盐、胡椒粉、味素调味即可。

要点提示

· 培根煎至上色、边缘微微焦黄时口感最好。

酱油焖娃娃菜

制作时间 15 分钟

难易度 ★★

主料

娃娃菜	200克

调料

酱油	5毫升
清酒、色拉油	各10毫升
盐、胡椒粉、味素	各适量

做法

① 铁板预热至200℃。

② 将清酒、酱油、盐、胡椒粉、味素混合在一起，制成调味汁，备用。

③ 娃娃菜洗净，纵向切开。

④ 铁板上放油，油热后放入娃娃菜炒匀，然后浇上调味汁，盖上盖子焖3分钟即可。

日式炒银芽

制作时间
15分钟

难易度
★★

主料

绿豆芽	200克
青椒、胡萝卜、洋葱、香菇 各适量	

调料

日本酱油	5毫升
黄油	20克
盐、美极酱油	各适量

做法

① 铁板预热至200℃。

② 青椒、胡萝卜、洋葱、香菇分别洗净，切丝。将绿豆芽洗净，去掉根须，备用。

③ 日本酱油、美极酱油、盐和清酒混合在一起制成调味汁，备用。

④ 铁板上放黄油，化开以后放入洋葱丝、香菇丝、青椒丝、胡萝卜丝和绿豆芽，大火翻炒1分钟，浇上调味汁，翻炒均匀即可。

酒香焖银杏

制作时间 20分钟　难易度 ★★

主料

银杏	200克

调料

清酒	20毫升
大蒜碎	20克
色拉油	10毫升
盐、胡椒粉、木鱼素	各适量

做法

① 色拉油放入锅中，待油热后放入大蒜碎，炒香后放入银杏和清酒，略炒一下后加入适量清水。

② 小火慢煮5分钟，加入盐、胡椒粉、木鱼素调味即可。

Tips

　银杏又称为白果,可分为药用白果和食用白果两种。药用白果略带涩味,食用白果口感清爽。

西芹炒腰果

制作时间 10分钟　难易度 ★

主料

西芹	2根
百合	50克
油炸腰果	80克

调料

黄油	10克
大蒜末	10克
盐、美极酱油	各适量

做法

① 铁板预热至180℃。

② 西芹清洗干净，切成段。百合择洗干净备用。

③ 铁板上放黄油，待黄油化开以后放大蒜末，炒香之后放入西芹和百合，煸炒1分钟之后放入腰果，加盐、美极酱油，继续翻炒2分钟即可。

 Tips

百合又称菜百合，其色泽洁白、有光泽，鳞片肥厚饱满，口感甜美。

风味铁板杂菇

主料

金针菇、香菇、杏鲍菇、口蘑各适量

调料

清酒	8毫升
黄油	20克
盐、白胡椒粉、味素	各适量

做法

① 铁板预热至200℃。

② 把各种蘑菇清洗干净，将除金针菇外的蘑菇切成薄片。

③ 铁板上放上黄油，待黄油化开以后放上蘑菇煸炒，加入清酒，盖上盖焖3分钟，最后加入盐、白胡椒粉和味素调味即可。

· 蘑菇切片时要注意厚薄一致。

风味拌山药

制作时间
20分钟

难易度
★★

主料

山药	1根

调料

蓝莓酱	30克
白糖	10克

Tips

山药是药食两用的食物，《本草纲目》记载山药能"益肾气、健脾胃、止泻痢、化痰涎、润毛皮"。中医认为其具有滋养强身、助消化、敛虚汗、止泻之功效。

要点提示

· 山药的黏液沾在手上会觉得很痒，所以，去山药皮时可戴上一次性手套。万一山药的黏液不小心弄到手上，要及时用清水将其清洗干净，并可涂上一点醋止痒。

做法

① 将山药清洗干净，切成长5厘米左右的段。准备好蓝莓酱，备用。

② 左手拿山药，右手握刀，一边削皮，一边转动山药，直至将山药皮全部削去。

③ 将处理好的山药用清水冲洗一下。蓝莓酱放入小碗中，加入白糖搅拌均匀，即成蓝莓酱汁。

④ 将去皮洗净的山药放在案板上，先切成1厘米厚度的片，然后切成1厘米见方的条状。

⑤ 将山药条放入盘中，摆放整齐。

⑥ 蓝莓酱装入挤酱瓶中，然后将其挤在盘中的山药上即可。

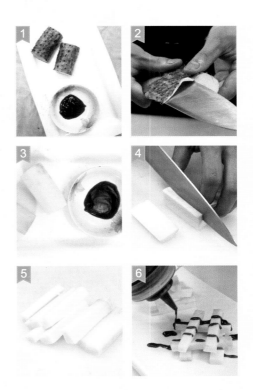

日式土豆沙拉

制作时间
3 小时

难易度
★ ★

主料

土豆	350克
三明治火腿	120克
黄瓜	60克
胡萝卜	50克
鸡蛋	2个

调料

沙拉酱	5大匙
青芥辣	约5厘米长
盐	1/4小匙

做法

① 土豆去皮，洗净，切块，放入微波容器内，加盖，高火加热5分钟，取出放凉。胡萝卜、黄瓜均洗净去皮，切成小薄片，火腿切丁。

② 将微波加热好的土豆块放入食品袋内，用擀面杖擀成泥。

③ 锅入水烧开，放入胡萝卜片焯熟，捞出沥干。

④ 鸡蛋冷水下锅，煮熟，捞出，去壳，切成细末。

⑤ 将处理好的所有主料放入碗内，加入沙拉酱、青芥辣、盐。

⑥ 将土豆沙拉搅拌均匀，加盖，放入冰箱冷藏2小时后食用即可。

要点提示

· 这道菜不用放油，因为沙拉酱本身含很多油。

· 鸡蛋一定要完全煮熟，溏心蛋不容易切碎。

蔬菜沙拉

制作时间
15 分钟

难易度
★

主料

圆生菜	80克
黄瓜	40克
大叶生菜	50克
樱桃萝卜	50克
紫甘蓝	10克
玉米粒	8克
胡萝卜	50克

调料

千岛酱	适量

做法

① 备好所有材料。

② 圆生菜洗净，掰下叶片，撕成小片；紫甘蓝洗净，掰下叶片后切成细丝；大叶生菜洗净，撕碎。将圆生菜片、紫甘蓝丝、大叶生菜放入冰水中浸泡15分钟，捞出沥干。

③ 将圆生菜片、大叶生菜放入盘中垫底。

④ 将黄瓜洗净，切成片，放入盘中。

⑤ 樱桃萝卜洗净，切成小瓣，放入盘中。

⑥ 将胡萝卜洗净，切成丝，放入盘中。

⑦ 撒入玉米粒，将所有蔬菜拌匀。

⑧ 将千岛酱淋在沙拉上，拌匀即可。

要点提示

· 将洗净的蔬菜放入冰水中浸泡，可以使其口感更爽脆。

红薯天妇罗

制作时间 10分钟

难易度 ★

主料

红薯	300克
天妇罗粉	适量

调料

盐、色拉油	各适量
葱丝	少许

做法

① 将红薯洗净，去皮，切成条；天妇罗粉中加入盐和适量水，调成糊。

② 将红薯条在面糊中裹匀，再入油锅中炸熟，捞起沥油。

③ 将炸红薯条盛入盘中，配上葱丝即可。

 要点提示

· 红薯切条时要切得细一点，否则不容易炸熟。

烤什锦蔬菜拼盘

制作时间
10分钟

难易度
★★

主料

香菇、洋葱、青椒	各30克
大蒜	6瓣
大葱	6段

调料

盐、色拉油	各适量

做法

① 香菇洗净，去掉香菇柄，从中间切开。大蒜剥皮去头。洋葱洗净，去掉老皮，切成半圆形。大葱切段。青椒切成长片。将主料分别用竹签穿好。

② 把穿好的蔬菜串撒盐，放入烤箱烤5分钟左右，烤好后刷色拉油即可。

要点提示

· 蔬菜烤好后刷上色拉油，可使颜色更鲜亮。

明太子爆薯条

制作时间
10 分钟

难易度
★

主料

明太子	80克
薯条	100克

调料

黄油	10克
色拉油	适量

做法

① 将薯条放入热油锅中炸好，捞出，沥干油。

② 黄油放入锅中划开，加入明太子，炒散成颗粒状。放入薯条搅拌，使薯条均匀地裹上明太子即可。

Tips

　　黄线狭鳕在朝鲜语中被称为"明太鱼"，也是朝鲜族人最喜爱食用的鱼类之一，其鱼籽经辣椒等香料腌制后，就称为"明太子"，是韩国料理和日本料理中的重要特色原料。

木鱼花豆腐

制作时间 10分钟

难易度 ★★

主料

盒豆腐	半盒

调料

色拉油	300毫升
淀粉	80克
酱油、清酒、柠檬汁、萝卜泥、	
姜泥、木鱼花	各适量
小葱碎	少许

做法

① 将豆腐切成4块，拍上淀粉。

② 酱油、清酒、柠檬汁混合在一起制成调味汁，备用。

③ 锅内放入色拉油，烧至六成热，放入豆腐，快炸2分钟。

④ 待豆腐炸成金黄色后盛出，放入容器中，配上萝卜泥、姜泥、木鱼花，浇上调味汁，最后撒上小葱碎即可。

虾仁蒸蛋羹

制作时间
15 分钟

难易度
★★

主料

虾仁	2个
鸡蛋	2个
香菇	1个
鸡肉	1块
茼蒿	1根

调料

酱油、木鱼素	各适量

做法

① 鸡肉切丁。香菇洗净，切片。茼蒿洗净，切段。

② 鸡蛋放入容器中打散，加入适量水搅匀，倒入蛋羹容器中，放入虾仁、鸡肉、香菇、茼蒿。

③ 蒸锅预先加热至上汽，将蛋羹放入蒸锅内蒸7分钟。

④ 取出蒸好的蛋羹，淋入酱油，放木鱼素即可。

主料

山鸡蛋	2枚
菠菜	30克
胡萝卜、火腿	各20克

调料

盐	1克
芝麻油	1小匙

做法

① 将鸡蛋磕到碗中，加清水和盐搅匀。

② 将菠菜焯水后捞出，攥干水分，切成小段。将胡萝卜和火腿均切小粒。

③ 不粘锅烧热，放入芝麻油，倒入蛋液使其铺满锅底，待蛋液半熟时将蛋皮卷成蛋卷。关火，盖上锅盖，用锅的余温将蛋卷烘熟，盛出后切段即可。

菠菜厚蛋烧

主料

五花肉	200克
鸡蛋	1个

调料

酱油	10毫升
清酒、味醂、色拉油	各适量
木鱼素、鸡精、盐	各少许

做法

① 先把五花肉洗净，放入油锅炸上色备用。

② 鸡蛋煮熟，剥皮后放入油锅炸上色备用。

③ 将清酒、酱油、味醂、木鱼素、鸡精、盐、混合在一起，倒入深底锅中，加入1000毫升清水，大火烧开后放入五花肉和鸡蛋，改为小火慢煮2小时即可。

日式卤肉

酱烤五花肉

主料

五花肉　　　　　　　　　　　200克

调料

香辣酱　　　　　　　　　　　适量

做法

① 五花肉洗净，切成厚片，用香辣酱腌制5分钟，用竹扦子串起来。

② 烤箱预热至200℃。

③ 放入烤箱烤制15分钟即可。

主料

带子	4个
培根	2片

调料

清酒	3毫升
柠檬汁	3毫升
盐、黑胡椒	各适量

做法

① 将培根切开，分成4段。

② 带子洗净，用盐、黑胡椒、清酒、柠檬汁腌制2分钟。

③ 烤箱预热200℃。

④ 将带子用培根包裹起来，用竹扦子串好，放入烤箱中烤5分钟即可。

培根带子卷

主料

猪后腿肉	200克
胡萝卜丝、青椒丝、绿豆芽	各30克

调料

姜泥	15克
生姜汁	3毫升
浓口酱油、清酒	各5毫升
味醂	8毫升
色拉油、盐、胡椒粉	各适量

做法

① 先把猪肉切成丝，备用。

② 锅内放入色拉油，待油热后放入姜泥和肉丝，大火煸炒至六成熟时加入酱油、味醂、清酒，继续煸炒1分钟，放入胡萝卜丝、青椒丝和绿豆芽，快速翻炒几下，加入生姜汁、盐、胡椒粉调味即可。

生姜烧猪肉

日式炸猪排

制作时间
15分钟

难易度
★★

主料

猪通脊肉	100克
鸡蛋液	10克
面粉	8克
面包糠	30克

调料

色拉油	300毫升
盐、白胡椒粉、酱油	各适量

做法

① 猪通脊肉用肉锤拍打松软，用盐和白胡椒粉腌制2分钟。

② 将猪排先沾满一层面粉，然后蘸鸡蛋液，最后均匀地裹满面包糠，压实，备用。

③ 锅内放入色拉油，烧至六成热。将处理好的猪排放入油锅内炸2分钟至熟，捞出沥油。

④ 将猪排切条，装盘，食用时配酱油即可。

日式烧烤猪颈肉

制作时间
15分钟

难易度
★

主料

猪颈肉	200克

调料

色拉油	8毫升
酱油	8毫升

盐、胡椒粉、白兰地、清酒各适量

做法

① 猪颈肉洗净，切成小块备用。

② 将盐、胡椒粉、酱油、白兰地和清酒混合在一起，制成调味汁，备用。

③ 铁板预热至160℃。铁板上放色拉油，油热后放猪颈肉，将两侧煎上色后浇上调味汁，继续煎制8分钟即可。

铁板猪软骨

制作时间 10 分钟　难易度 ★

主料

猪软骨	200克

调料

白兰地	8毫升
酱油	5毫升
黄油	20克
盐、白胡椒粉	各适量

做法

① 猪软骨洗净，切成小块，备用。

② 铁板预热至180℃。铁板上放黄油，待其化开以后放猪软骨，煸炒3分钟上色后浇上酱油和白兰地，翻炒1分钟。

③ 最后加入盐和白胡椒粉调味即可。

要点提示

· 猪软骨加入白兰地可以去腥增鲜。

日禾烧牛扒

制作时间
15分钟

难易度
★★

主料

牛扒	300克

调料

盐、胡椒粉、鸡粉、料酒、味噌、
芝士、黄油　　　　　　　各适量

做法

① 将牛扒洗净，切成块。

② 将牛扒用盐、胡椒粉、鸡粉、料酒、味噌腌渍入味，待用。

③ 在牛扒上面抹上黄油，放上芝士，再入烤箱内以250℃的炉温烤至成熟即可。

· 芝士烤至融化、表面微黄即可，烤制时间太长会影响牛扒的口感。

铁板和牛肉厚烧

制作时间
15 分钟

难易度
★★

主料

和牛	1块（约300g）

调料

盐、胡椒粉	各适量
黄油	20克
蒜蓉	20克
酱油	5毫升
清酒	8毫升

做法

① 准备好所有食材。

② 将铁板预热至200℃，铁板上放黄油，待黄油化开以后放入蒜蓉，炒出香味后放入整块牛肉。

③ 将牛肉煎至外边成黄褐色，切掉边缘肥肉和筋膜。

④ 从中间将牛肉切开。

⑤ 进一步分切成较小的块。

⑥ 将牛肉按照要求分切成合适的形状。

⑦ 加入酱油、清酒、盐和胡椒粉。

⑧ 继续翻炒1分钟即可。

Tips

　　日本的和牛肉以肉质鲜嫩、营养丰富、适口性好驰名于世。很久时间以来，日本禁止和牛品种出口到国外。现在澳大利亚也已有农场饲养和牛，但是澳大利亚的饲养成本更高，因为农场主为了提高肉的质量和产量在牛的饲料中加入了优质的红葡萄酒。

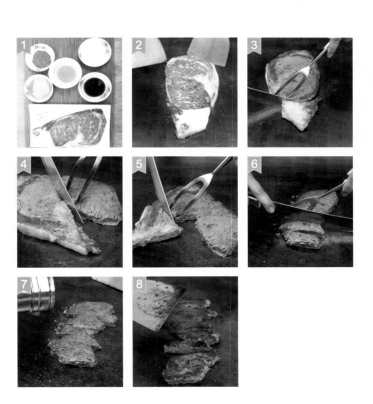

铁板金针牛肉卷

制作时间
20分钟

难易度
★ ★

主料

牛肉	3片
金针菇	80克

调料

盐、胡椒粉	各适量
清酒	8毫升
酱油	5毫升
色拉油	8毫升

做法

① 金针菇洗净，切去根，分为3份。铁板设置220℃预热好，淋上色拉油，待油热后放入金针菇。

② 金针菇略翻炒几下后放适量的盐和胡椒粉调味。

③ 牛肉片用盐、胡椒粉腌至入味。

④ 牛肉片摊开放于铁板上，随后把炒好的金针菇放在牛肉片上。

⑤ 将牛肉片包着金针菇慢慢卷成卷，待牛肉卷煎成金黄色时放入清酒和酱油调味。

⑥ 待清酒中的酒精挥发完后即可装盘。

要点提示

· 制作这道菜时，为使牛肉入味、口感更嫩，需要提前对其腌制处理。

· 牛肉煎制时间不宜太久，以免口感发柴。

神户酒焖牛尾

制作时间 20 分钟

难易度 ★★

主料

牛尾	200克

调料

盐、胡椒粉、味素	各适量
酱油	8毫升
色拉油	10毫升
干红葡萄酒	10毫升

做法

① 将干红葡萄酒、酱油、味素放入碗中，搅拌均匀，制成调味汁，备用。

② 牛尾洗净，剁成小块，用盐和胡椒粉腌制。

③ 铁板设置160℃预热。

④ 预热好的铁板淋上色拉油，放入腌制好的牛尾，煎成黄褐色，浇上调味汁，盖上锅盖焖10分钟即可。

日式啤酒牛肉

制作时间 20分钟　难易度 ★★

主料

牛里脊	100克

调料

啤酒	100毫升
清酒、木鱼素、酱油、辣酱各适量	
色拉油	300毫升

做法

① 牛里脊洗净切片，用啤酒、清酒、酱油、木鱼素、辣酱腌制2分钟。

② 锅内加入色拉油，烧至六成热。将腌好的牛肉放入油锅内炸2分钟即可。

要点提示

· 牛肉加入啤酒和调味料腌制，可以使牛肉口感更嫩，也可多腌制一会儿，使其更入味。

香辣酱烤骨肉串

主料

骨肉相连	2串

调料

香辣酱	适量

做法

① 烤箱预热180℃。将骨肉相连放入烤箱烤制5分钟即可。

② 将骨肉相连刷上香辣酱即可。

要点提示

· 香辣酱可以选购市售成品，也可自己制作：将小红辣椒和大蒜放入搅拌打碎，放入番茄酱、糖拌匀即可。

烧肉汁烩牛尾

主料

牛尾	300克

调料

盐、胡椒粉	各适量
烧肉汁	800毫升
蒜片	少许
清酒	15毫升
色拉油	20毫升

做法

① 牛尾洗净，剁成小块，加盐和胡椒粉腌渍备用。

② 锅内放入色拉油，待油热后放入蒜片，炒香之后放入牛尾，待牛尾成黄褐色时加入清酒和烧肉汁，大火煮开，改为小火慢炖45分钟，最后收干汤汁即可。

鳗鱼风味煎牛舌

制作时间
15 分钟

难易度
★

主料

熟牛舌	130克

调料

鳗鱼汁	20毫升
色拉油	10毫升

做法

① 将熟牛舌用刀切成薄片，备用。

② 平底锅内放入色拉油，油热后放入牛舌，煎上色后加入鳗鱼汁，待鳗鱼汁和牛舌混合均匀后继续煎1分钟即可。

Tips

鳗鱼汁是这道菜中调味的主要"角色"，牛舌的嫩滑和鳗鱼汁浓厚的味道融为一体，鲜而不腥，淡而不寡，让人一吃难忘。

慢煮什锦牛肉

制作时间
45 分钟

难易度
★★

主料

牛里脊	100克
豆腐	50克
金针菇、香菇、茼蒿、白菜、大葱、洋葱	各适量
鸡蛋	1个

调料

清酒	5毫升
万字酱油	3毫升
盐、木鱼素	各适量

做法

① 牛肉洗净切片。

② 茼蒿、白菜、金针菇、香菇、大葱、洋葱分别洗净，切成需要的形状。

③ 豆腐切片，放入清水锅内汆烫一下。

④ 把蔬菜类食材放入沸水锅内煮2分钟，放入牛肉片和豆腐，然后加入盐、木鱼素、酱油、清酒调味。

⑤ 鸡蛋打入碗中，拌匀成蛋液，将煮好的食材蘸鸡蛋液食用即可。

铁板烧牛舌

制作时间
15分钟

难易度
★

主料

牛舌	200克
洋葱块	80克

调料

盐、黑胡椒粉、酱油	各适量
黄油	30克
干红葡萄酒	8毫升

做法

① 牛舌洗净切片，用盐和黑胡椒粉腌制，备用。

② 铁板预热至220℃。

③ 铁板上放黄油化开，放上牛舌，煎上色后再放入洋葱块，加酱油、葡萄酒、适量的盐，翻炒均匀即可。

要点提示

· 牛舌切片不宜太厚，否则不容易腌入味，也不易煎熟。

日式烧羊排

制作时间 45分钟　　难易度 ★★

主料

羊排	150克

调料

盐、胡椒粉、酱油	各适量
清酒、色拉油	各8毫升
黄油	20克
薄荷酱	5毫升

做法

① 羊排用盐和胡椒粉腌制，然后包上锡纸。

② 清酒、酱油混合在一起制成调味汁备用。

③ 铁板预热至180℃。

④ 铁板上放色拉油，待油热后放上羊排，将两侧煎至上色，浇上调味汁，来回翻动煎至入味，装盘，配上薄荷酱即可。

 要点提示

· 羊排腌制时包上锡纸，可以使调料均匀地包裹在羊排表面，更容易入味。

日式香辣烤鸡翅

制作时间 70分钟　难易度 ★

主料

鸡翅中	180克

调料

香辣酱	10克
蜂蜜	8克
清酒、酱油	各适量

做法

① 鸡翅洗净，沥干水，加入香辣酱、清酒、酱油、蜂蜜腌制45分钟。

② 烤箱预热至180℃。

③ 将腌好的鸡翅放入烤盘中，送入烤箱内烤制20分钟，烤至外表上色、鸡翅熟透即可。

要点提示

· 如果想要烤好的鸡翅颜色更诱人，可以在烤好后表面刷上少许食用油。

铁板鸡脆骨

制作时间 15分钟　难易度 ★

主料

鸡脆骨	150克

调料

盐、胡椒粉	各适量
美极酱油	5毫升
黄油	10克
清酒	8毫升

做法

① 鸡脆骨洗净，切小块，用盐和胡椒粉腌制备用。

② 铁板预热至180℃。

③ 铁板上放黄油，待黄油化开以后放入鸡脆骨，煎至上色后浇上酱油、清酒，盖上锅盖焖4分钟即可。

要点提示

· 这道铁板鸡脆骨烹调方法并不复杂，鸡脆骨腌入味后煎至表面焦黄，吃起来骨脆肉嫩，十分可口。

日式照烧鸡腿

制作时间
3 小时

难易度
★★

主料

鸡腿	1个

调料

清酒	8毫升
酱油	5毫升
白糖	15克
盐、胡椒粉、白芝麻	各适量
色拉油	10毫升

做法

① 把鸡腿去骨，洗净，沥干水，切成块。

② 鸡腿加清酒、酱油、白糖、盐、胡椒粉和100毫升清水，腌制2小时。

③ 平底锅内放色拉油，待油热后放入鸡腿，中火慢煎，先煎带皮的一面，然后煎另一面。两侧均煎至上色、鸡腿肉熟即可盛出。

④ 装盘，撒上白芝麻即可。

爆炒牛蛙

制作时间
15分钟

难易度
★

主料

净牛蛙肉	200克

调料

盐、胡椒粉、白糖	各适量
泰国小辣椒段	50克
姜末、大蒜碎	各10克
洋葱碎、青红辣椒碎	各20克
XO酱、蚝油	各少许
清酒	8毫升
黄油	20克

做法

① 牛蛙洗净，剁成小块，用盐、胡椒粉和清酒腌制备用。

② 铁板预热至180℃。

③ 黄油放在铁板上，化开以后把腌好的牛蛙放上去，煸炒1分钟后加入辣椒段、洋葱碎、大蒜碎和姜末，炒香以后放入蚝油、XO酱和白糖继续煸炒。

④ 将牛蛙煸炒至熟后放入青红辣椒碎，翻炒均匀即可。

要点提示

· XO酱是香港王亭之先生发明的一种调味料，采用数种香料混合研制而成。

日式烤多春鱼

主料

多春鱼	8条

调料

盐、胡椒粉	各适量
柠檬	3毫升
清酒	5毫升

做法

① 多春鱼择洗干净，撒上盐、胡椒粉，加柠檬汁、清酒腌制。

② 烤箱预热至180℃。将腌好的多春鱼放入烤箱烤制8分钟即可。

日式烤鳗鱼

制作时间
25 分钟

难易度
★★

主料

鳗鱼	1条

调料

山椒粉	少许
鳗鱼汁	适量
清酒	10毫升

做法

① 将鳗鱼处理好，洗净，去头和尾，片下鳗鱼肉，切成象眼片。

② 烤箱设置180℃预热。

③ 将山椒粉和鳗鱼汁均匀涂抹到鳗鱼肉上，将鳗鱼肉放在烤盘上，再放入预热好的烤箱烤制7分钟。

④ 淋入清酒，再烤8分钟即可。

大阪照烧鳗鱼

制作时间 15 分钟 　难易度 ★

主料

鳗鱼　　　　　　　　　　1条

调料

色拉油、日本照烧汁、蒜、姜、
料酒、盐　　　　　　各适量

做法

① 将鳗鱼用热水洗去黏液，沥干水，切成块。

② 将鳗鱼块用姜、蒜、料酒、盐、日本照烧汁腌渍入味，待用。

③ 烤架上先抹油，再放上鳗鱼块，以小火烘烤至两面成金黄色即可。

酱烧青花鱼

制作时间
30分钟

难易度
★★

主料

青花鱼	1条

调料

盐、味精、酱烧汁	各适量
白芝麻	少许

做法

① 将青花鱼宰杀，去鳞、内脏，洗净，再剞上花刀，撒上盐、味精腌入味。

② 将青花鱼放入烤箱内，以250℃的温度烤20分钟至鱼熟，取出。

③ 将烤好的青花鱼盛入盘中，再淋上酱烧汁，撒上焙香的白芝麻即可。

照烧秋刀鱼

制作时间
40分钟

难易度
★★

主料

秋刀鱼　　　　　　　　　　1条

调料

日式照烧汁、牛油、葱花、柠檬
汁、胡椒粉、香油、色拉油各适量

做法

① 秋刀鱼洗净，擦干鱼身表面水分，刮上花刀，放入柠檬
汁、胡椒粉、香油腌制30分钟。

② 锅中下色拉油烧热，将秋刀鱼放入锅内，以中火煎至两面
金黄熟透。

③ 将照烧汁均匀地刷在秋刀鱼两面，煎至收汁，再刷上少许
牛油，装盘，撒上葱花即可。

铁板秋刀鱼

制作时间 15分钟　难易度 ★★

主料

秋刀鱼	1条

调料

酱油、盐、胡椒粉	各适量
黄油	20克
清酒	5毫升
柠檬汁	少许

做法

① 秋刀鱼从背部剖开，去除鱼骨，洗净，备用。

② 铁板设置180℃预热。

③ 把秋刀鱼放在铁板上，加黄油至其化开后，加盐、胡椒粉、清酒调味，煎至两面均成金黄色。

④ 淋上酱油和柠檬汁即可。

烧烤银鳕鱼

制作时间
20分钟

难易度
★★

主料

鳕鱼	1200克

调料

盐、胡椒粉	各适量
柠檬汁	5毫升
清酒	8毫升
萝卜泥	少许

做法

① 鳕鱼清洗干净，用盐、胡椒粉、清酒腌制，备用。

② 烤箱预热180℃。

③ 鳕鱼放置在烤盘中，放入烤箱烤制15分钟，取出后挤上柠檬汁。

④ 将鳕鱼盛入盘中，配上萝卜泥即可。

葱香蒸鳕鱼

制作时间 15 分钟　　难易度 ★★

主料

鳕鱼	180克

调料

盐	适量
酱油、柠檬汁	各3毫升
清酒	5毫升
葱丝	10克
红椒丝	8克

做法

① 将盐、酱油、清酒、柠檬汁混合在一起制成调味汁，备用。

② 鳕鱼洗净，沥干水，放入容器中浇上调味汁。

③ 蒸锅预先上汽，将鳕鱼放入蒸锅里，蒸8分钟。

④ 出锅后放上葱丝和红椒丝即可。

 Tips

鳕鱼是高蛋白的深海鱼，含有多种人体需要的氨基酸和脂肪酸，清蒸能较大程度上保留其中的营养成分。这道清蒸鳕鱼肉质柔软，口感特别鲜嫩。

鳗鱼汁煎鳕鱼

制作时间 15 分钟　　难易度 ★★

主料

鳕鱼	180克

调料

鳗鱼汁	15克
淀粉	5克
色拉油	适量

做法

① 将鳕鱼洗净，沥干水，沾上淀粉，备用。

② 锅置火上，倒入色拉油，待油温烧至七成热，放入鳕鱼，小火煎至两面成金黄色。

③ 淋入鳗鱼汁，用大火收汁，盛入盘中即可。

 Tips

鳗鱼汁常用来为海鲜调味，能为菜品增添浓郁鲜甜的口感和诱人的色泽。

日式香煎鳕鱼

制作时间 15分钟　难易度 ★★

主料

鳕鱼	200克
节瓜片	50克
紫茄子片	30克
芦笋	2段
面粉	30克

调料

黄油	20克
盐、胡椒粉、酱油、柠檬汁各适量	

做法

① 铁板设置180℃预热。

② 鳕鱼清洗干净，用盐和胡椒粉腌制入味，再撒上一层面粉，备用。

③ 预热好的铁板上放黄油，待黄油化开，放入鳕鱼和节瓜片、茄子片、芦笋段煎制，将鱼两侧均煎成金黄色，蔬菜煎熟，在蔬菜上撒盐和胡椒粉调味。

④ 煎好的蔬菜放入盘中垫底，上面放鳕鱼，淋上酱油和柠檬汁即可。

红黑恋情

制作时间 10分钟　难易度 ★

主料

三文鱼	1块
寿司饭	50克

调料

丘比沙拉酱	适量
黑蟹子酱	8克

做法

① 三文鱼腹背面朝上，横向摆放在案板上，刀身与三文鱼成45度角，将其斜切成3片。

② 将鱼片一片压另一片的一边，依次摆放，将寿司饭捏成锥形，放在第一片三文鱼上，把寿司饭包卷起来成一个花形。

③ 把卷好的花形装盘，在露出的米饭上挤少量丘比沙拉酱，放少许黑蟹子酱即可。

三文鱼刺身

制作时间 25分钟 难易度 ★★★

主料

三文鱼	10克
苏子叶	3片
白萝卜	80克

调料

柠檬	1个
海鲜酱油、芥末	各适量

做法

① 将三文鱼超低温冷冻杀菌，解冻，备用。

② 苏子叶去根，清洗干净。白萝卜去皮，洗净，切成细丝，用冷水冲洗10分钟，沥干水。柠檬切为8份，备用。

③ 三文鱼正面朝上放在案板上，用刀切成2毫米厚的均匀的片。

④ 三文鱼切片时可依据个人口感调整厚度。

⑤ 把萝卜丝团成小团，放在盘中，放上一片苏子叶，再把三文鱼放在苏子叶上。

⑥ 食用时蘸海鲜酱油、芥末即可，芥末可依个人口味适量添加。

要点提示

· 生吃鱼片比较腥，配苏子叶、萝卜丝可去腥味、助消化。要是不爱吃苏子叶和萝卜丝，还可挤些柠檬汁配食。

铁板石斑鱼

制作时间 10分钟　难易度 ★

主料

石斑鱼　　　　　　　　　200克

调料

面粉、盐、白胡椒粉、清酒、酱
油、柠檬汁　　　　　　　各适量
黄油　　　　　　　　　　20克
色拉油　　　　　　　　　10毫升

做法

① 石斑鱼清洗干净，用盐和白胡椒粉腌制，然后沾一层面粉。将清酒、酱油、柠檬汁混合一起制成调味汁，备用。

② 铁板预热180℃。

③ 铁板上放上色拉油，将鱼肉放在铁板上煎制，浇上调味汁，将鱼的两侧煎至上色、鱼肉熟透即可。

 Tips

　　石斑鱼营养丰富，肉质细嫩洁白，类似鸡肉，素有"海鸡肉"之称。

铁板鲳鱼

制作时间 15分钟　难易度 ★

主料

净鲳鱼	2条

调料

盐、胡椒粉	各适量
酱油、清酒	各8毫升
柠檬汁	5毫升
色拉油	10毫升

做法

① 鲳鱼用盐和胡椒粉腌制备用。

② 将清酒、酱油、柠檬汁混合在一起，制成调味汁，备用。

③ 铁板预热至180℃。

④ 铁板上放色拉油，将鲳鱼放上去，两侧均煎成金黄色，浇上调味汁即可。

 Tips

　　鲳鱼是一种身体扁平的海鱼，因其刺少肉嫩，故很受人们喜爱。

风味烤三文鱼

制作时间 25 分钟　难易度 ★★

主料

三文鱼中段	180克
非鱼子	10克

调料

盐、胡椒粉、清酒、柠檬汁	各适量
蛋黄酱、黄油	各20克

做法

① 三文鱼洗净，沥干水，用盐、胡椒粉、清酒、柠檬汁腌制5分钟。

② 烤箱预热180℃。

③ 烤盘中抹上黄油，放上三文鱼，放入烤箱中烤制15分钟至熟，取出。

④ 抹上蛋黄酱，撒上非鱼子，继续烤制3分钟即可。

日式柠檬三文鱼

制作时间 20分钟　难易度 ★★

主料

净三文鱼中段	200克

调料

盐、胡椒粉	适量
清酒	8毫升
酱油	5毫升
柠檬汁	3毫升
黄油	20克

做法

① 三文鱼用盐、胡椒粉、4毫升清酒腌制备用。

② 将4毫升清酒、酱油、柠檬汁混合在一起，制成调味汁，备用。

③ 铁板预热至200℃。

④ 黄油放铁板上，化开以后放上三文鱼，快速将两侧煎上色，浇上调味汁，盖锅盖焖1分钟，让酒香充分进入鱼肉中，煎焖至八成熟即可，全熟口感无汁且不滑嫩。

铁板黄鱼

制作时间
15分钟

难易度
★

主料

净黄鱼	1条

调料

盐、胡椒粉	各适量
清酒	5毫升
柠檬	5毫升
酱油	20克

做法

① 把黄鱼从背部打开，取出鱼骨，清水洗净备用。

② 将清酒、柠檬汁、盐、胡椒粉和酱油混合在一起制成调味汁备用。

③ 铁板预热至180℃。黄油放在铁板上，化开后把黄鱼放上去，在煎制八分熟时把调味汁浇上去，盖上盖焖2分钟即可。

要点提示

· 黄鱼放在铁板上以后，先不要挪动，以免鱼皮破裂，待鱼皮煎成金黄色再翻动到另外一面继续煎制。

主料

比目鱼	180克

调料

面粉、盐、胡椒粉	各适量
黄油	20克
清酒	8毫升
酱油	5毫升
柠檬汁	3毫升

做法

① 比目鱼洗净，用盐和胡椒粉腌制一会儿，沾一层面粉备用。

② 将酱油、清酒和柠檬汁混合在一起，制成调味汁，备用。

③ 铁板预热至180℃。

④ 铁板上放黄油，待黄油化开以后放比目鱼，将两侧煎至上色，浇上调味汁即可。

铁板比目鱼

主料

海虾	8只

调料

香辣酱、泰国小辣椒碎	各8克
姜末、蒜末	各10克
黄油	20克
酱油	5毫升
清酒、柠檬汁	各8毫升
盐、胡椒粉	各适量

做法

① 将香辣酱、酱油、清酒、柠檬汁、盐和胡椒粉制成调味汁备用。

② 铁板预热至180℃。

③ 铁板上放黄油，待黄油化开以后放上海虾、辣椒碎、姜末、蒜末，一起翻炒至之虾半熟时浇上调味汁即可。

日式香辣虾

爆炒海鲜伴时蔬

制作时间 15分钟　难易度 ★

主料

百合	1包
荷兰豆、胡萝卜片	各50克
虾仁、墨鱼	各80克

调料

清酒、色拉油	各10毫升
大蒜碎	20克
盐、胡椒粉、木鱼素	各适量
浓口酱油	5毫升

做法

① 先将百合、荷兰豆清洗干净，备用。

② 虾仁去虾线，墨鱼冲洗干净，备用。

③ 锅内加入色拉油，待油热后加入大蒜碎，炒香之后放入虾仁和墨鱼，炒至五成熟时放入荷兰豆、胡萝卜片和百合，爆炒1分钟后加入清酒和适量水，继续煸炒。

④ 待百合炒熟后加入盐、胡椒粉、木鱼素和酱油调味调色即可。

大虾天妇罗

制作时间
15分钟

难易度
★★

主料

虾	5只
面粉	50克
天妇罗粉	100克
鸡蛋	1个

调料

万字酱油	2毫升
色拉油	500毫升
盐、胡椒粉、木鱼素	各适量

做法

① 大虾洗净，去壳，去头，用盐和胡椒粉腌制。

② 将鸡蛋、面粉、天妇罗粉和清水混合在一起，制成面糊。将腌好的食材放入面糊中，均匀沾满。

③ 将万字酱油、木鱼素和适量的清水混合在一起，制成调味汁，备用。

④ 深底锅内加入色拉油，烧至六成熟。处理好的大虾放入油锅内，快速炸至外表成金黄色即可。

⑤ 食用时配调味汁一起食用。

串烧大虾

制作时间 15 分钟　难易度 ★

主料

大虾	5只

调料

盐、胡椒粉、柠檬汁	各适量
黄油	10克

做法

① 大虾洗净，剪去虾须、虾线，用竹扦子串起来，备用。

② 铁板预热至180℃。铁板上放黄油，待黄油化开以后放大虾，将虾煎成金黄色，撒上盐和胡椒粉。

③ 去掉竹扦子，装盘，洒上柠檬汁即可。

蒜香扒虾

制作时间
15 分钟

难易度
★

主料

草虾	5只

调料

清酒	5毫升
黄油	20克
蒜蓉酱、盐、美极酱油	各适量

做法

① 将草虾洗净，沥干水，从虾背处切开，取出虾线，用盐、清酒腌至入味。

② 铁板预热至200℃。

③ 铁板上放黄油化开，将腌好的虾放上去，煎上色后加入美极酱油和蒜蓉酱，翻炒均匀即可。

椒盐炸小河虾

制作时间
10 分钟

难易度
★

主料

小河虾	150克

调料

清酒	5毫升
柠檬汁	3毫升
色拉油	500毫升
生粉、椒盐	各适量

做法

① 将小河虾用柠檬汁和清酒腌制一下，之后撒上生粉备用。

② 锅内放入色拉油，烧至六成热。

③ 准备好的河虾放入油锅内，快炸1分钟至小河虾成金黄色。

④ 出锅装盘，撒上椒盐即可。

脆炸软壳蟹

制作时间
15 分钟

难易度
★

主料

软壳蟹	1只

调料

面粉、鸡蛋液、面包糠、酱油、清酒、柠檬汁、白糖	各适量
盐、胡椒粉	各少许
色拉油	300毫升

做法

① 将软壳蟹洗净，沥干，用盐和胡椒粉腌制，备用。

② 将酱油、清酒、柠檬汁和白糖混合在一起，制成调味汁，备用。

③ 把软壳蟹沾面粉，蘸上鸡蛋液，滚上一层面包糠。

④ 色拉油放入锅内烧至六成热，将处理好的软壳蟹放入油锅内炸3分钟，炸成金黄色。

⑤ 浇上调味汁即可。

北海道照烧鱿鱼筒

制作时间
45分钟

难易度
★★★

主料

原只鱿鱼	350克
花生碎	15克
青红椒粒	15克
烧肉汁	50克

调料

淀粉	30克
胡椒粉	2克
柠檬汁	5克
白酒	5克
盐	1克
色拉油	适量

做法

① 原只鱿鱼治净，分切成鱿鱼身和鱿鱼须两部分。加入淀粉、胡椒粉、柠檬汁、白酒、盐腌渍半小时。

② 锅置火上，加入色拉油，烧至八成热，把已用腌料腌了半小时的鱿鱼放进去炸。

③ 将炸熟的鱿鱼放进烤盘，表面淋上一半烧肉汁。

④ 再放进烤箱以180℃烤5分钟。

⑤ 将烤好的鱿鱼取出，切好。

⑥ 装盘，表面淋上另一半烧肉汁。

⑦ 撒上花生碎和青红椒粒即可。

日式炸鱿鱼须

制作时间
20分钟

难易度
★★

主料

鱿鱼须	120克

调料

清酒	8毫升
酱油	5毫升
蛋黄液	100克
色拉油	500毫升
蒜泥、姜泥、蛋黄酱、干淀粉、	
盐、木鱼素	各适量

做法

① 鱿鱼须清洗干净，用盐、木鱼素、酱油、清酒、蒜泥、姜泥腌制8分钟至入味。

② 将鱿鱼须放入蛋黄液中均匀挂一层蛋黄，再均匀地沾上一层干淀粉。

③ 锅内放入色拉油，烧热至180℃。将鱿鱼汤放入油锅内炸3分钟后捞出，装盘，蘸蛋黄酱食用即可。

什锦天妇罗

制作时间
20 分钟

难易度
★ ★

主料

香菇、青椒片、藕片、胡萝片、洋葱片、红薯片	各30克
面粉	50克
天妇罗粉	100克
鸡蛋	1个

调料

万字酱油	2毫升
木鱼素	少许
色拉油	500毫升

做法

① 将鸡蛋、面粉、天妇罗粉和清水混合在一起，制成面糊。

② 将万字酱油、木鱼素和清水混合在一起，制成调味汁，备用。

③ 深底锅内加入色拉油，加热至油温180℃。

④ 将食材放入面糊中，均匀挂满面糊，放入油锅内，快速炸制，至表面呈金黄色时捞出。

⑤ 食用时蘸调味汁即可。

炸牡蛎

制作时间 15分钟　难易度 ★★

主料

牡蛎	3只
面粉、鸡蛋液、面包糠	各适量

调料

盐、胡椒粉	各少许
猪排汁	30毫升
色拉油	300毫升

做法

① 把牡蛎撒上盐和胡椒粉腌1~3分钟，沾上面粉，蘸鸡蛋液，裹上面包糠。

② 将牡蛎放入油锅中，温度保持在120~150℃，炸成金黄色。

③ 最后蘸猪排汁食用即可。

铁板鲍鱼

制作时间 15分钟　难易度 ★★

主料

鲜鲍鱼	1只
香菜碎、辣椒碎、蒜碎、西芹碎、洋葱碎	各8克

调料

黄油	20克
清酒、酱油	各5毫升
柠檬汁、番茄沙司	各5毫升

做法

① 鲍鱼清洗干净，切花刀。

② 清酒、黄油、柠檬汁、番茄沙司、香菜碎、辣椒碎、蒜碎、西芹碎、洋葱碎混合在一起制成调味汁，备用。

③ 铁板预热至200℃。

④ 铁板上放入黄油，之后放鲍鱼，煎1分钟时加入调味汁，继续煎制2分钟即可。

焗扇贝

制作时间 15分钟　难易度 ★★

主料

扇贝	1只
洋葱碎	10克
香菇	1个

调料

盐 、胡椒粉、清酒、柠檬汁、
黄油、沙拉酱　　　各适量

做法

① 扇贝洗净，取出扇贝肉，扇贝壳用刷子刷洗干净。香菇洗净，切丝备用。

② 平底锅内放入适量的黄油，等黄油化开以后放入洋葱碎和香菇炒香，加入少许的盐和胡椒粉调味备用。

③ 扇贝肉放入扇贝壳中，将炒好的洋葱和香菇丝放到扇贝上，浇上清酒和柠檬汁，放入预热至180℃的烤箱烤制5分钟，最后挤上沙拉酱即可。

扒扇贝配鱼子酱

制作时间 15分钟　难易度 ★★

主料

扇贝	2只

调料

蒜蓉	8克
鱼子酱	20克
香葱碎、盐、胡椒粉	各适量
酱油、清酒、色拉油	各5毫升

做法

① 扇贝取肉，扇贝壳用刷子充分刷洗干净。

② 将蒜蓉、盐、胡椒粉、酱油和清酒混合在一起，制成调味汁，备用。

③ 铁板设置180℃预热。预热好的铁板上放入色拉油，再放入扇贝肉，浇入调好的调味汁，盖上锅盖焖2分钟。

④ 将焖熟的扇贝放入扇贝壳中，装盘，撒上鱼子酱和香葱碎即可。

香橙煎带子

主料

带子	2只
橙子	2片
面粉	适量

调料

盐、胡椒粉	各适量
黄油	20克
清酒、酱油	各5毫升
柠檬汁、浓缩橙汁	各3毫升
蜂蜜	5克

做法

① 带子洗净，沥干，用盐和胡椒粉腌入味。

② 清酒、酱油、蜂蜜、柠檬汁、橙汁混合在一起制成调味汁备用。

③ 铁板预热至180℃。放黄油化开后放上带子，将两侧煎至上色，浇上调味汁，继续煎1分钟，出锅，摆在橙子片上即可。

香辣蛏子

主料

蛏子	200克
红椒条、青椒条、黄椒条	各20克

调料

辣酱、葱丝、姜丝、清酒	各适量
盐、胡椒粉、木鱼素	各少许
色拉油	20毫升

做法

① 把蛏子冲洗干净，备用。

② 锅内放油，待油热后放入葱丝、姜丝，炒香以后加入香辣酱，继续煸炒1分钟，之后放入蛏子和清酒，大火爆炒2分钟后加入适量的水，慢煮2分钟。

③ 待蛏子成熟以后加入盐、胡椒粉、木鱼素调味，最后放入彩椒条即可。

日式辣椒炒文蛤

制作时间
10 分钟

难易度
★★

主料

文蛤	200克
红椒丝、青椒丝	各20克
葱丝	20克
姜丝	10克
小红辣椒段	8克

调料

色拉油	10毫升
清酒、胡椒粉、盐、木鱼素各适量	

做法

① 把文蛤冲洗干净，备用。

② 锅内放入色拉油，待油热后放入葱丝、辣椒段和姜丝，爆炒出香味。

③ 放入文蛤和清酒，煸炒2分钟，放入红椒丝，青椒丝，略炒后加入清水，大火烧开，改为小火慢煮2分钟。

④ 待文蛤熟后加入盐、胡椒粉和木鱼素调味即可。

三文鱼寿司

制作时间
15 分钟

难易度
★ ★

主料

三文鱼腹肉	1块
米饭	50克

调料

芥末	8克

做法

① 三文鱼腹背面朝上，横向摆放在案板上，刀成45度角斜着将三文鱼切成厚2毫米的片。

② 左手拇指、食指拿三文鱼一头，放在左手指第三节处，手沾点水抓15g左右米饭在手心，团两下团成椭圆形，食指沾少许芥末抹在三文鱼片上（依个人口味）。

③ 把右手饭团放在左手三文鱼片中间，用右手下成长方形。

④ 再把手翻转过来，用右手食指将放在手中的寿司握住两头压一下。

Tips

三文鱼(salmon)泛指鲑科鱼，其中，大西洋鲑、银鲑和虹鳟是世界三大养殖鲑鱼品种。日本也有多种野生鲑鱼，而樱鳟是比较知名的日本原产鲑鱼，每年春天樱花盛开时，樱鳟进入时令期，鱼腹略有粉橘色，肉质滋润，富含油脂，是鲑鱼中的高级品种。

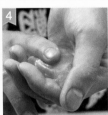

要点提示

· 标准是握好的寿司中间高两头低，呈一个拱桥形状。

鱼子反卷

制作时间
25 分钟

难易度
★★★

主料

米饭	1小碗
黑芝麻、白芝麻	各1小匙
腌萝卜	1条
黄瓜	1条
蟹足棒	1条
牛蒡	1条
寿司海苔	1张

调料

盐	1克
香油	1/2小匙
沙拉酱	20克
鱼子	20~30克

做法

① 米饭（1小碗）晾至温热，撒上盐、黑芝麻、白芝麻，淋入香油，充分拌匀。

② 铺好寿司帘，然后铺上一层保鲜膜，最上面铺上寿司海苔。注意糙面朝上，海苔的纹理和寿司帘的卷曲方向一致。

③ 将拌好的米饭均匀地平铺到海苔上，压紧实，注意四周适当留边儿。

④ 再盖上一层保鲜膜。

⑤ 将铺好米饭的海苔翻转过来，揭掉最上面一层保鲜膜。

⑥ 将腌萝卜、黄瓜、蟹足棒和牛蒡放到海苔的1/3处。

⑦ 寿司帘兜起，将食材盖起来，然后扣下来，卷成圆柱形，也可以压成方形。

⑧ 揭掉保鲜膜，切成8份，放到盘中，挤上沙拉酱，撒上鱼子加以点缀即可。

蟹子手卷

制作时间
15 分钟

难易度
★ ★

主料

红蟹籽	50克
海苔	半张
苏子叶	1张
寿司饭	60克

做法

① 备好所有食材。

② 海苔横向拿在左手，右手沾水后取寿司饭团成椭圆形，把团好的寿司饭铺在左手拿的海苔上。

③ 寿司饭上放一片苏子叶，再把红蟹籽放在苏子叶上。

④ 把海苔有米饭的两头对接，卷起来成锥形即可。

Tips

寿司饭即醋饭，日本人常说"六分米饭，四分配菜"，认为寿司的美味主要是由"饭"来决定的。寿司饭的米粒要彼此黏结在一起，再和配菜捏制起来，这就要求米饭具有较高黏度。与此同时，米粒也要保持良好的紧实度与饱满度，这样在入口时才能有更丰盈的口感，可以更好地与唾液接触，提升对鱼类鲜味的感知。

青菜饭团

制作时间 20 分钟

难易度 ★ ★ ★

主料

小油菜	200克
胡萝卜碎	30克
米饭	1小碗

调料

香油	1小匙
鸡精	1克
盐	1克
熟白芝麻	1小匙
法香碎	5克

要点提示

· 制作青菜饭团的米饭不加醋，不是醋饭。

· 饭团成形后用手蘸盐水进一步整形，可以避免饭团黏手，且盐水可以增加味道，但要注意盐水不要过咸。

做法

① 小油菜清洗干净，去掉根部。

② 将小油菜切成菜末，备用。

③ 锅烧热，放入1小匙香油，先放入胡萝卜碎，然后放入小油菜末翻炒，加入盐，直至水分炒干后关火，加入鸡精调味，放入熟白芝麻翻炒均匀。

④ 准备好米饭，晾至温热。

⑤ 取一块保鲜膜，铺在手掌上，放上米饭，拍成饼状，兜起来，中间放上炒好的青菜，盖上米饭。

⑥ 将保鲜膜拧紧，使其中的饭团呈圆球形，去除保鲜膜，用净手蘸少许盐水团好饭团。

⑦ 将法香碎点缀在饭团上即可。

猪骨拉面

制作时间 30分钟　难易度 ★★

主料

猪软骨	400克
拉面	1把
溏心鸡蛋	1个
卷心菜叶	2片
豆芽	60克
笋丝	50克

调料

葱段、姜片	各20克
卤排骨料包	1个
鲜味酱油	1小匙
盐	4克
小香葱碎	少许

要点提示

· 猪软骨要用高压煲压熟，既方便食用又能补充钙和胶原蛋白。

· 可自行搭配爱吃的蔬菜。

· 拉面煮熟后过凉，可以保持筋道的口感。

做法

① 猪软骨洗干净，用清水浸泡1~2小时，去除血污。将猪软骨切块，放入高压锅，加入适量的水，放入卤排骨料包、葱段、姜片、鲜味酱油和盐。

② 将猪软骨卤熟，备用。

③ 将卷心菜叶清洗后撕成片，和豆芽、笋丝一起焯烫，沥水备用。

④ 将拉面煮熟后用凉开水过凉后捞出，放到碗中。

⑤ 将猪软骨放到面上，浇上卤汤，搭配烫好的蔬菜和溏心蛋，撒上小香葱碎即可食用。

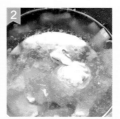

传统骨汤拉面

制作时间
15分钟

难易度
★

主料

拉面	100克
裙带菜	10克
滑子菇	8克
玉米粒	少许
小油菜	1克
熟鸡蛋（切片）	1个

调料

骨汤酱包	1个
小葱碎	5克

做法

① 锅中加水烧开，放入拉面煮至九分熟，捞入面碗中，备用。

② 骨汤酱包放入适量的水中溶解开，放入裙带菜、滑子菇、玉米粒、小油菜煮1分钟，然后倒入拉面中。

③ 放上熟鸡蛋片，撒上小葱碎即可。

 Tips

日式拉面非常注重汤的调味，常用猪骨、牛骨等连续炖煮数小时甚至数天，为了节省时间，也可用市售的骨汤酱包来制作汤底。

裙带菜乌冬面

制作时间
10 分钟

难易度
★

主料

乌冬面	1包
裙带菜	50克
香菇	2个
海带	少许

调料

小葱碎	少许
味醂、酱油	各3毫升
木鱼素、盐、白胡椒粉	各适量

做法

① 锅内放入清水，烧开后加入裙带菜、香菇、海带、味醂、酱油、木鱼素、盐和白胡椒粉一起煮开。

② 放入乌冬面，煮1分钟。

③ 装入碗中，最后撒上小葱碎即可。

 Tips

　　乌冬面是最具日本特色的面条之一，是将盐和水混入面粉中制作成的白色较粗的面条。其口感偏软，介于切面和米粉之间。通过配合不同的佐料、汤料、调味料可以尝到各种不同的口味的乌冬面。

黑椒猪肉炒乌冬面

制作时间 25分钟　难易度 ★★★

主料

猪瘦肉	100克
乌冬面	400克（2小包）
洋葱	1/4个
红、黄、绿三色彩椒	各1/4个

调料

A：

蚝油、玉米淀粉	各2小匙
生抽	1小匙
清水、色拉油各	1大匙
蛋白液	半个

B：

大蒜	5瓣
蚝油	1.5大匙
生抽	1大匙
番茄酱	2小匙
砂糖	1小匙
黑胡椒碎	1/2大匙
高汤（或清水）	100毫升
色拉油	3大匙

做法

① 将乌冬面用清水冲净，使面条松散开，沥水备用。

② 大蒜剁成蓉，彩椒分别切成小块；洋葱洗净，一半切块，一半切碎。

③ 猪肉切成大薄片，放调料A拌匀，腌制10分钟。

④ 锅入1大匙油烧至四成热，放入腌好的猪肉片快速滑炒至肉变色，捞起沥净油备用。

⑤ 油锅烧热，放入洋葱块、彩椒块翻炒1分钟。倒入乌冬面，加入少量盐，用中火翻炒约2分钟，盛出备用。

⑥ 洗净锅，放入1大匙油，放入洋葱碎、蒜蓉炒出香味。

⑦ 再调入蚝油、生抽、番茄酱、砂糖、高汤（或清水）、黑胡椒碎，用中小火煮至酱汁浓稠。

⑧ 倒入猪肉片，迅速翻炒至肉片均匀裹上酱汁。

⑨ 再加入炒好的蔬菜和面条，翻炒至全部均匀裹上酱汁即可装盘。

日式烫素面

制作时间 20分钟　难易度 ★★

主料

素面	1包
虾	2只
鸡蛋	1个
冬菇	2朵
菜心	100克

调料

木鱼精、鸡粉	各少许
酱油、味噌	各适量

做法

 虾余熟，去壳；鸡蛋煮熟，剥去壳，切开备用；菜心洗净，焯水备用；冬菇放入热水中浸软，去蒂，再入沸水中焯透。

② 将水煲沸，加入素面，煮1~2分钟，其间边煮边搅，以免互相粘黏，再将面条捞出，放入冷水中浸约1分钟，沥水，盛入碗中。

③ 锅中放入少许水烧开，下木鱼精、鸡粉、味噌及酱油，搅匀成汁，淋在冷面上，将虾、鸡蛋、菜心、冬菇等铺于素面上即成。

日式牛肉拉面

制作时间
15 分钟

难易度
★★

主料

拉面	300克
玉米笋	30克
胡萝卜片、菜心、熟牛肉各50克	

调料

姜末	10克
高汤	1500毫升
香油、酱油、鸡粉	各适量

做法

① 玉米笋洗净，切成条；熟牛肉切片。

② 开水锅入盐搅匀，放入拉面煮沸，加水再煮2分钟至沸腾，将面捞起过冷水，沥干水分。

③ 将高汤下入锅中，放入姜末搅散，煮沸，倒入胡萝卜、玉米笋、菜心、牛肉煮3分钟至沸腾，再将拉面下入锅中，放鸡粉，淋上酱油、香油即可。

牛肉荞麦面

制作时间
10 分钟

难易度
★ ★

主料

荞麦面	80克
牛肉	30克
裙带菜	10克
大葱、香菇	各适量

调料

烧肉汁	15毫升
小葱碎	少许
乌冬汁、色拉油	各适量

做法

① 将牛肉切成薄片，大葱切成葱花，香菇切成丁，备用。

② 锅置火上，放入色拉油烧热，放入葱花炒香，放入牛肉片、香菇丁炒1分钟，加入烧肉汁和适量清水，炒至牛肉熟，盛出备用。

③ 把荞麦面放入沸水锅中煮熟，捞出，放入碗中。

④ 倒入乌冬汁，放上牛肉、香菇丁、裙带菜，撒上小葱碎即可。

日式牛肉饭

制作时间 30分钟　难易度 ★★

主料

牛肉	150克
胡萝卜丝、青椒丝、香菇丝、洋葱丝	各20克
熟米饭	100克

调料

烧肉汁	适量
色拉油	10毫升

做法

① 先将牛肉洗净，切片。

② 锅内放色拉油，油热以后放入牛肉，炒至成红黄褐色，之后加入烧肉汁和适量清水，慢煮15分钟。

③ 待牛肉成熟以后放入胡萝卜丝、青椒丝、香菇丝、洋葱丝一起慢炖2分钟，盛出。

④ 浇在米饭上食用即可。

鸡皮虾仁串烧

制作时间
15分钟

难易度
★★

主料

鸡皮	4个
虾仁	4只

调料

盐、胡椒粉	各少许
大蒜粉、辣椒粉	各适量
清酒	8毫升

做法

① 将鸡皮和虾仁用沸水余烫一下，用鸡皮把虾仁包起来，拿竹扦子串好。

② 烤箱预热至180℃。

③ 虾串上撒上盐、胡椒粉、辣椒粉、大蒜粉，调入清酒，放入烤箱，烤制8分钟即可。

蛋包饭

制作时间 25 分钟 　　难易度 ★★★

主料

鸡蛋	3个
米饭	1小碗
洋葱	40克
胡萝卜	50克
杏鲍菇	50克
培根	1片（40克）

调料

盐	1/4小匙
胡椒粉	1/4小匙
番茄沙司酱	1.5大匙
生抽	1小匙
生粉	2小匙

做法

① 洋葱洗净，切碎。胡萝卜去皮洗净，切成小细丝。杏鲍菇洗净，切成小粒。培根切碎。鸡蛋打散，生粉加适量水调匀后加入蛋液中，调入盐，打匀。

② 炒锅入少许油，烧至五成热时下入培根。

③ 再下入洋葱粒、胡萝卜和杏鲍菇，小火炒香。

④ 调入盐和胡椒粉，翻炒均匀，加番茄酱、生抽、炒匀。

⑤ 倒入米饭，炒散炒匀。

⑥ 另起锅，烧热，喷少许油，倒入1/3蛋液，转圆。

⑦ 保持小火，趁蛋液未凝固，立刻在一半的表面上铺上炒好的饭，留出边缘，再将铺好的炒饭稍稍压实。

⑧ 待蛋皮底部煎成形后，将另一半蛋皮翻上来。合住米饭，用铲子将上下边缘压合。

⑨ 出锅装盘，再挤上番茄沙拉酱，理好形状即可。

日式煎饺

制作时间
25分钟

难易度
★★★

主料

猪肉馅	150克
卷心菜	1棵
韭菜	1小把
葱姜末	10克
馄饨皮	300克

调料

盐	4克
淀粉	1大匙
胡椒粉	0.3克
五香粉	0.3克
鲜味酱油	1大匙
香油	2小匙

做法

① 猪肉馅放入容器中。加葱姜末和2克盐、淀粉、胡椒粉、五香粉、鲜味酱油和1小匙香油，搅匀，腌渍入味。

② 将卷心菜叶洗净，焯烫。

③ 将烫好的卷心菜叶切末，攥干水分。韭菜去掉根部一小段，切末备用。

④ 将腌好的肉馅、卷心菜碎及韭菜末混合，搅拌均匀。

⑤ 将馄饨皮用模具压成圆形的饺子皮状，准备一碗清水。（皮如果不粘的话，可蘸一点水粘合）

⑥ 将馅加入剩下的盐拌匀，放入皮中，包成弯月饺。

⑦ 平底锅加热后抹上薄薄的一层油，放入包好的饺子。

⑧ 倒入一小碗凉水，没过饺子的1/3处，盖上锅盖，中小火加热约5分钟，将水焙干。

⑨ 倒入1小匙香油，使香油均匀铺满锅底，加热1~2分钟，至饺子底焦香酥脆，关火出锅即可。

炸红薯饼

制作时间
20 分钟

难易度
★★

主料

红薯	2个
杏仁	10克
葡萄干	8克

调料

炼乳、面粉、鸡蛋液、面包糠各适量

色拉油　　　　　　　　　　300毫升

做法

① 把红薯洗净，蒸熟，将蒸熟的红薯放入碗中压成泥，里面放杏仁、葡萄干、炼乳搅匀，团成团，压扁后成为红薯饼。

② 红薯饼沾面粉，蘸上鸡蛋液，滚上一层面包糠。

③ 锅内放入色拉油，烧至八成热，将红薯饼放入油锅内炸成金黄色，捞出，沥干油即可。

日式蔬菜粥

制作时间
45分钟

难易度
★★

主料

香米	20克
胡萝卜丁	20克
香菇丁	20克
青椒丁	10克
鸡蛋	1个

调料

酱油、盐、清酒、木鱼素各适量

做法

① 锅内放入适量清水，烧开后加入香米，关小火慢煮30分钟。

② 把蔬菜丁放入，继续煮5分钟，至蔬菜熟软以后加入盐、木鱼素、酱油、清酒调味。

③ 再加入打散的鸡蛋搅匀，煮至鸡蛋熟即可。

南瓜粥

制作时间 20分钟　难易度 ★★

主料

南瓜	100克

调料

杏仁露	100毫升
草莓酱	20克

做法

① 南瓜去皮，切成块，放入蒸锅中蒸5~8分钟。

② 把蒸好的南瓜用搅拌机打碎，加入杏仁露搅匀。

③ 将搅匀的南瓜汁放入锅中，小火加热至黏稠，倒入碗中。

④ 最后放草莓酱点缀即可。

鸡肉松茸汤

制作时间 15分钟　难易度 ★

主料

松茸	1个
鸡肉	2小块
虾仁	1个
银杏	5个

调料

清酒、木鱼素、酱油、盐各适量

做法

① 把松茸切片，放入锅中，加入水煮开。把鸡肉和虾仁分别焯熟后放入锅中。银杏洗净，放入锅中煮熟。

② 加入调料调味即可。

Tips

松茸菌肉肥厚，具有香气，味道鲜美，是名贵的野生食用菌，含有多种氨基酸，有很高的营养价值和特殊的药用效果。

文蛤豆腐汤

制作时间
15分钟

难易度
★★

主料

文蛤	80克
豆腐	50克
粉丝	20克
白菜	20克

调料

姜丝、葱丝	各少许
盐、胡椒粉、清酒、木鱼素各适量	

做法

① 文蛤洗净，放入清水中吐净泥沙。

② 豆腐洗净，切块。粉丝放入清水中泡软。白菜洗净，取叶片部分，切成段。

③ 锅中放入葱丝、姜丝，加适量水烧开，放入文蛤煮至开口，下入豆腐块、白菜段、粉丝煮熟。

④ 放入盐、胡椒粉、清酒、木鱼素调味，盛入汤碗中即可。

第三章

韩国料理

尝过韩式泡菜、大酱汤、石锅拌饭、辣炒年糕、韩国烤牛肉等的食客，都能感受到韩国饮食鲜明的特点，如果你属于"嗜辣族"，韩国料理更你是不可错过的美味盛宴。

白菜泡菜

主料

白菜	1棵
白萝卜、洋葱	各100克

调料

蒜、姜、葱、盐、辣椒粉、鱼露、白糖、芝麻、虾酱 各适量

做法

① 白菜竖切成两半，菜叶抹上盐，压在水中泡7小时。

② 将蒜、洋葱、姜磨成泥，倒入辣椒粉、芝麻、糖、盐、虾酱、鱼露制成调味料。

③ 把白萝卜和葱切丝，放入容器，倒入调料，拌好后腌30分钟。

④ 把腌好的作料由上往下抹在白菜上，放置一段时间发酵后即可。

烤五花肉

主料

五花肉	200克

调料

韩国烤肉酱	适量

做法

① 将五花肉洗净，切片，用韩国烤肉酱腌渍20~30分钟。

② 将腌好的五花肉放进烤箱，开上下火200℃，烤12分钟即可。

要点提示

吃烤五花肉时可以用生菜卷着吃，中和五花肉的油腻。爱吃辣的也可抹上辣椒酱，非常可口。

泡菜青椒鱿鱼

制作时间
10 分钟
难易度
★★

主料

鱿鱼	200克
青椒	30克
泡菜	50克

调料

料酒、辣椒酱、盐、油　各适量

做法

① 将鱿鱼撕去膜，表面切菱形花刀，切成6厘米长、2厘米宽的块，泡入清水中，备用。

② 青椒洗净，切片。泡菜切段。

③ 炒锅入油烧热，将青椒、泡菜、鱿鱼倒入锅中翻炒，再加少许水，翻炒至鱿鱼卷起，汤汁浓稠。

④ 放入盐、料酒、辣椒酱炒匀入味即可。

泡菜炒肉

制作时间 15 分钟　难易度 ★★

主料

里脊肉	100克
韩国泡菜	200克
洋葱	50克

调料

色拉油、盐、鸡精、淀粉、白酒、
花雕酒　　　　　　　　　各适量

做法

① 里脊肉切片，用淀粉、盐、白酒腌一会儿。

② 泡菜切丝，备用。

③ 锅中多放点油，放入肉片滑开，捞出沥干油。

④ 锅中留少许底油，放入泡菜翻炒，炒干后加水，保持锅里有点汁，等泡菜的味道炒出后放入肉片和其他调料，翻炒均匀即可。

泡菜包肉

制作时间 15分钟　难易度 ★

主料

泡菜叶	200克
酱五花肉	200克
尖椒	20克

调料

大蒜	20克
大酱	适量

做法

① 将酱五花肉切成片。

② 大蒜切片，尖椒切成粒。

③ 用泡菜叶包入酱五花肉片、大蒜、尖椒，再蘸一些大酱即可食用。

要点提示

应选大片泡菜叶卷肉，这样能将原料完全包裹住。

铁板黑椒牛柳

制作时间 45分钟　难易度 ★★★

主料

牛柳	250克
洋葱	半个
青椒、红椒	各1个

调料

A:

苏打粉、盐	各1/4小匙
蚝油	1/2大匙
玉米淀粉	2小匙
清水	1大匙
蛋白液	20克

B:

粗粒黑胡椒粉	2小匙
砂糖	1小匙
番茄酱、蚝油、生抽	各1/2大匙
高汤	2大匙

C:

色拉油	3大匙
水淀粉	2大匙
大蒜	3瓣

做法

① 牛柳洗净，逆着牛肉的纹路切成大的薄片。青椒、红椒切大块；洋葱一半切块，一半切碎；大蒜剁碎。

② 将肉片放入碗内，加入苏打粉抓匀，静置10分钟。

③ 再加入调料A中剩余调料，抓匀。倒入1大匙色拉油，腌制10分钟。

④ 锅入油烧至三四成热，放入拌好的牛肉片，滑散至肉片由红色变成灰色，捞起沥油。

⑤ 将铁板放在炉火上加热约10分钟。

⑥ 将洋葱块和辣椒铺在加热的铁板上。

⑦ 炒锅洗净，放入油烧至三成热，放入洋葱碎、大蒜碎炒出香味，加入调料B，小火煮至酱汁浓稠。

⑧ 煮好后，放入炒好的牛肉片，大火迅速翻炒至肉片均匀裹上酱汁。再将水淀粉调匀，淋入锅内勾芡。

⑨ 将炒好的牛肉铺在铁板上，盖上盖焖上2分钟即可上桌。

金针泡菜牛肉卷

制作时间
25 分钟

难易度
★★★

主料

培根肉	200克
韩国泡菜	1袋
金针菇	150克

做法

① 将韩国泡菜切成与培根同宽的段。

② 金针菇去掉根部较硬的部分，放在开水锅里焯3分钟后捞出。

③ 焯烫好的金针菇过冷水待用。

④ 平底锅稍加热至50℃后即可将培根肉放入锅中煎制，无需加油。

⑤ 煎好的培根肉片修饰整齐，切下来的部分还可以切成小块后直接卷进去。

⑥ 把切好的泡菜平铺在培根肉上，将焯好水的金针菇放在中间卷起来即可。

Tips

　　培根肉和泡菜的搭配很开胃，再配上口感鲜嫩的金针菇，不管是宴客还是私享都是不错的选择。超级简单的制作方法，却会带给你满嘴的复合味道，真是一道开胃好菜。

要点提示

· 应选择泡菜的中部，这些比较柔软的部分卷起来好卷。

· 培根本身有咸味，这道菜不用再放盐。

韩式泡菜锅

制作时间 25分钟　难易度 ★★★

主料

五花肉	120克
鲜虾	5只
南豆腐	3块
韩式辣白菜、辣萝卜	各80克
胡萝卜	50克
金针菇	150克

调料

韩式辣酱、色拉油	各1大匙
盐	1/4小匙
姜	4片
蒜蓉、鸡精	各1小匙

做法

① 五花肉切薄片；辣白菜、辣萝卜切块；胡萝卜去皮，洗净切长条；南豆腐切薄方块；金针菇去蒂，洗净；鲜虾去须、脚，挑去虾线。

② 炒锅烧热，放入五花肉片。

③ 小火煎至五花肉片呈金黄色时，放入姜片、蒜蓉，翻炒均匀。

④ 再放入韩式辣白菜、辣萝卜，炒至出香味。

⑤ 锅内倒入250毫升清水，放入韩式辣酱、盐搅拌均匀。

⑥ 大火煮开后，放入胡萝卜条、南豆腐块，用中火煮约5分钟。

⑦ 再放入金针菇、鲜虾，煮至鲜虾变色时，加入鸡精，拌匀，将食材移入沙锅内加热食用即可。

要点提示

· 韩式辣白菜及辣萝卜在煮的过程中会释放咸味出来，所以此菜不需要加太多盐。

· 加入豆腐后不要久煮，否则豆腐煮老了会出现气孔，口感不好。

韩式铁板鱿鱼

制作时间 40分钟　难易度 ★★

主料

新鲜鱿鱼	1只
洋葱	50克

调料

A：

姜	5克
蒜	10克
料酒	1/2大匙
盐	1/4小匙
辣椒粉	3小匙
花椒	6颗

B：

蚝油、砂糖、生抽	各1大匙
孜然粉、鸡精	各1/2小匙
五香粉、味精	各1/4小匙
花生酱、香油	各1小匙

做法

① 鱿鱼开肚去内脏，撕去表皮的黑膜，将肉切成块。

② 将鱿鱼块用洋葱碎、姜蓉、蒜蓉、料酒、盐抓匀，腌制15分钟。

③ 辣椒粉、花椒放入碗内，浇上热油，稍凉后加入调料B制成酱汁。

④ 用烧烤竹扦把鱿鱼块串成串。

⑤ 平底锅烧热，放入鱿鱼串中火煸干，取出备用。

⑥ 锅洗净，下少许油烧热，放入洋葱块爆香。

⑦ 放入鱿鱼串，一边煎一边刷酱汁。

⑧ 两面各煎约2分钟，取出后再次刷上酱汁即可。

紫菜包饭

制作时间 20分钟

难易度 ★★★

主料

米饭	1碗
煎鸡蛋（切条）	2根
大根	2条
黄瓜	2条
胡萝卜	2条
蟹肉棒	2条
牛蒡	2条
寿司海苔	1张

调料

香油	1小匙
盐	1克
黑白芝麻	1/2大匙

Tips

　　紫菜包饭的做法与寿司相似，是经典韩式料理。与醋饭做成寿司的不同之处在于，米饭加香油和盐以及芝麻调味，非常好吃。韩式的紫菜包饭比较注重食材本真的味道。

做法

① 温热的米饭中加入盐、香油和黑白芝麻拌匀。

② 将寿司海苔放到竹帘上，糙面朝上。将手洗净，蘸凉开水，把调味的米饭均匀摊开在寿司海苔上，四周留1厘米左右的边。

③ 煎好的鸡蛋切成条状。将黄瓜切条去瓤，和胡萝卜条一起放到锅中，用香油煸一下。准备好大根、蟹肉棒和牛蒡。

④ 将条状食材放在寿司海苔的1/3处。

⑤ 用竹帘将寿司海苔卷起。

⑥ 刀上刷一层香油，用刀切成8等份，摆盘食用即可。

辣白菜炒饭

制作时间
15分钟

难易度
★★

主料

熟米饭	250克
韩国辣白菜	150克
猪绞肉	80克

调料

香油	2大匙
小葱	10克
糖	1/2小匙
盐	1/4小匙
泡菜汁	2大匙

做法

① 将辣白菜切碎，另倒出适量泡菜汁备用。小葱切碎。

② 炒锅加热，倒入香油。油热后放入猪肉。

③ 不断翻炒至肉变色干爽，加入小葱碎，炒匀。

④ 倒入辣白菜碎，继续翻炒。

⑤ 调入糖和盐，炒至松散。

⑥ 倒入米饭，再继续耐心炒匀。

⑦ 炒到米饭粒粒均匀。

⑧ 最后淋入泡菜汁，炒匀即可。

韩式拌饭

主料

米饭	1碗
鸡蛋	2个
蕨菜、胡萝卜、白萝卜、黄豆芽、黄瓜	各适量

调料

韩式辣椒酱、白芝麻	各适量

做法

① 将蕨菜、胡萝卜、白萝卜、黄瓜洗净，均切丝。黄豆芽洗净，去掉根须。所有蔬菜分别焯熟，沥干水分。

② 将1个鸡蛋煎成太阳蛋，另一个鸡蛋摊成蛋皮，再切成蛋丝。

③ 取盛器，填入适量热米饭，压实后依次将蔬菜摆放在碗中，再配上煎鸡蛋和鸡蛋丝，撒少许白芝麻，吃时调入韩式辣椒酱拌匀即可。

人参牡蛎石锅饭

制作时间 60分钟　难易度 ★★

主料

牡蛎	100克
新鲜人参	1/2个
白米	1/2杯
银杏	适量

调料

酱油、葱末、蒜末、白芝麻、
香油、辣椒粉　　　各适量

做法

① 将牡蛎洗净，去碎壳，沥干水；人参切片；银杏去皮。

② 白米洗净后加水浸泡30分钟，放到石头锅中，加2杯水，再加入牡蛎、人参和银杏，盖上锅盖。

③ 先以大火煮滚，然后改用小火焖煮约20分钟至熟，关火。

④ 打开锅盖，加入全部调料，趁热拌匀即可。

韩式烧肉拌饭

制作时间 30分钟   难易度 ★★★

主料

黄豆芽、胡萝卜、黄瓜、火腿、菠菜、香菇、五花肉	各150克
洋葱	100克
鸡蛋	1个
韩式辣白菜	50克
熟米饭	2碗

调料

生抽、韩式辣酱	各1大匙
料酒	2大匙
高汤	半杯
姜	2片
蒜	3瓣
芝麻、植物油	各适量

做法

① 黄豆芽、菠菜择洗净；胡萝卜去皮，洗净切丝；黄瓜、火腿、洋葱、香菇分别洗净，切丝。

② 锅入清水，放入肉块煮开后再煮约5分钟，取出肉块，冲净干净。将肉块切成0.5厘米厚的肉片。

③ 油锅烧热，放入姜、蒜、洋葱炒出香味，再放入肉片。

④ 小火炒至肉转微黄色、油脂被煎出来，再放入生抽、韩式辣酱、料酒、高汤。

⑤ 大火煮开后转小火煮至酱汁浓稠即可。

⑥ 香菇入沸水锅中焯熟，捞出沥干水分。

⑦ 放入菠菜焯熟，捞出沥干水分。

⑧ 再放入黄豆芽焯熟，捞出沥干水分。用平底锅煎一颗溏心鸡蛋。

⑨ 将米饭放石锅内，用筷子翻松散，拌入酱汁，铺上蔬菜、火腿丝、肉片、辣白菜、鸡蛋，撒上芝麻即可。

韩式辣炒年糕

制作时间 15分钟

难易度 ★★

主料

韩式年糕	1/2包
洋葱	1/2个
胡萝卜	1根
大白菜	500克

调料

韩式辣酱	3大匙
香葱	2根
植物油	适量

做法

① 洋葱洗净，切丝。胡萝卜洗净，去皮，切条。白菜洗净，切条。香葱去根，洗净，切段。

② 锅入油烧热，放入洋葱丝、胡萝卜条爆炒至出香味。

③ 倒入清水，放入白菜，大火煮开后，放入韩式辣酱。

④ 待汤汁煮得浓稠时放入年糕条，煮至年糕软化，中间要不停翻动锅铲以免煳锅。

⑤ 等到酱汁差不多快收干时，加入香葱段略煮片刻即可出锅。

要点提示

· 做这道菜不用放盐或其他调味料，因为韩式辣酱本身有咸、甜、辣的味道。

泡菜汤

制作时间 50分钟

难易度 ★

主料

泡菜	80克
豆腐、牛肉	各100克
绿叶蔬菜	少许

调料

盐、鸡粉	各适量

做法

① 将牛肉洗净，切成块。

② 锅中加水，将泡菜、牛肉下入锅中，先用大火烧开，再转文火煮40分钟，待牛肉熟透，再将豆腐下入锅中，稍煮一会儿。

③ 将盐、鸡粉下入汤中调味，搅匀，再撒上几片绿叶蔬菜即可。

人参炖鸡汤

制作时间 14 小时　难易度 ★★

主料

鸡	1只
朝鲜人参、糯米	各50克
红枣	30克
黄芪	20克
当归	15克

调料

酒、盐、葱段、生姜块	各适量

做法

① 人参在热水中浸泡一夜，备用；鸡宰杀治净。

② 把红枣、黄芪、当归和淘洗好的糯米一起塞入鸡腹内，再用线将鸡腹缝好，放入深锅里，加水漫过鸡，加入葱段、生姜块，用大火煮开，其间去掉浮沫。

③ 锅中再加入酒，用文火煮1小时，取出姜块和葱段，下盐调味，食用时将药材从鸡腹内取出即可。

大酱汤

制作时间 15 分钟　难易度 ★

主料

主料	
豆腐	100克
洋葱	80克
青椒	30克

调料

调料	
大葱	1根
大酱、辣椒酱、盐	各适量

做法

① 将豆腐切成块；洋葱洗净，切成片；葱切段；青椒切片。

② 锅中加水，将大酱、辣椒酱、盐下入锅中熬成酱汤，待用。

③ 将豆腐、洋葱、大葱、青椒下入锅中，大火烧开，边煮边撇去浮沫，捞出盛入碗中即可。

牛排骨汤

制作时间 75 分钟

难易度 ★★

主料

牛排骨	200克
红枣	20克
鸡蛋丝	50克
粉丝	适量

调料

葱花	10克
盐、酱油、鸡粉、胡椒粉 各适量	

做法

① 将牛排骨切块，入沸水中氽去血水；红枣洗净，备用；粉丝泡发，备用。

② 锅中放水，将牛排骨、红枣下入锅中，大火烧开，再转文火煲约1小时。

③ 将鸡蛋丝、粉丝放入汤中，下盐、鸡粉、酱油、胡椒粉调味，再撒上葱花即可。

牛肉洋葱汤

制作时间 15 分钟　难易度 ★

主料

牛肉	100克
洋葱	50克
大葱	30克

调料

盐、鸡粉、胡椒粉、辣椒面、蒜
泥　　　　　　　　　　各适量

做法

① 将牛肉洗净，切成块；洋葱切丝；大葱切段。

② 锅中放水，将牛肉、洋葱、蒜泥下入锅中烧开。

③ 将盐、鸡粉、胡椒粉、辣椒面下入锅中调味，再撒上葱段即可。